高等学校计算机教育规划教材

# Python程序设计实验教程

翟萍　主编
王军锋　翟震　郎博　赵丹　张魏华　李钝　参编

清华大学出版社
北京

## 内 容 简 介

本书是与《Python 程序设计》(ISBN 978-7-302-54438-8)配套使用的实验教程,书中实验是基于 Python 3.7 进行的。全书共分三部分:第一部分是与主教材各章对应的实验指导;第二部分是与主教材各章对应的习题解答;第三部分是 Python 编程练习实例。

本书内容丰富,取材新颖且实用性强,可以作为高等学校 Python 程序设计课程的辅助教学参考书,也可以作为 Python 等级考试的参考书。



**图书在版编目(CIP)数据**

Python 程序设计实验教程/翟萍主编.—北京:清华大学出版社,2020.1(2023.3重印)
高等学校计算机教育规划教材
ISBN 978-7-302-54439-5

Ⅰ.①P… Ⅱ.①翟… Ⅲ.①软件工具—程序设计—高等学校—教材 Ⅳ.①TP311.561

中国版本图书馆 CIP 数据核字(2019)第 264521 号

**责任编辑:** 汪汉友
**封面设计:** 常雪影
**责任校对:** 徐俊伟
**责任印制:** 丛怀宇

**出版发行:** 清华大学出版社
**网　　址:** http://www.tup.com.cn,http://www.wqbook.com
**地　　址:** 北京清华大学学研大厦 A 座　　**邮　　编:** 100084
**社 总 机:** 010-83470000　　**邮　　购:** 010-62786544
**投稿与读者服务:** 010-62776969,c-service@tup.tsinghua.edu.cn
**质量反馈:** 010-62772015,zhiliang@tup.tsinghua.edu.cn
**课件下载:** http://www.tup.com.cn,010-83470236
**印 装 者:** 三河市科茂嘉荣印务有限公司
**经　　销:** 全国新华书店
**开　　本:** 185mm×260mm　　**印　　张:** 13.25　　**字　　数:** 323 千字
**版　　次:** 2020 年 1 月第 1 版　　**印　　次:** 2023 年 3 月第 5 次印刷
**定　　价:** 44.50 元

---

产品编号:083440-01

# 前言 FOREWORD

本书重点在于培养学生的计算思维能力，以使学生掌握利用计算机分析问题、解决问题的基本技能，胜任专业研究与应用的需求。

本书是与《Python程序设计》(ISBN 978-7-302-54438-8)配套使用的实验教程，目的是方便实践教学，以及上机操作与练习，并对教材内容进行扩展与补充。全书汇集了作者长期的教学经验和实践经验。

根据学生对事物的认识规律和作者在双一流大学的教学经验，本书在基础理论教学过程中引入实例，使读者学习有目标、有过程，遇到困难有指导，学过之后有成就感，理论与实践紧密结合。全书内容由浅入深、循序渐进、注重实用、步骤简明、重点突出、丰富多彩。

本书内容包括实验指导、习题解答和Python编程练习实例三部分。

第一部分为实验指导，结合主教材的章节给出了相应的实验，每个实验包括实验目的、相关知识、实验范例、实验任务和拓展训练。

第二部分为习题解答，给出了主教材中习题的答案，供读者参考，以启发思路。

第三部分为Python编程练习实例，选择了20个不同类别的综合练习并给出了参考程序，可以帮助读者进一步拓展知识、巩固知识、提高实践能力和检测学习效果。

本书给读者提供了一个知一会多、发挥个人学习能力的空间和机会，在应用实例中先给出应用结果和要求，后给出具体的实现步骤。在学习本书的过程中，读者可以充分发挥个人能力，主动克服困难，愉快而轻松地完成学习，从而达到激发学习兴趣、培养学习能力的效果。

所给出的问题解答和参考程序有可能不是唯一的，读者可以进一步思考其他的问题解答方法和程序设计方法，以拓宽自己的思路。书中所有程序均在Python 3.7环境下调试通过。

在本书第一部分和第二部分中，实验1和第1章由郎博编写，实验2和第2章由赵丹编写，实验3、4和第3、4章由张魏华编写，实验5、8、

11和第5、8、11章由翟震编写，实验6、9和第6、9章由王军锋编写，实验7、10和第7、10章由翟萍编写，实验12和第12章由李钝编写，第三部分由翟萍编写。全书由翟萍统编定稿。

由于计算机技术发展很快，加上作者水平有限，书中难免有不尽如人意之处，恳请读者批评指正。

编者

2019年6月

# 目录 CONTENTS

## 第一部分 实验指导


**实验 1 Python 概述:Python 运行环境** …… 3

**实验2 基本数据类型** …… 11

实验 2.1 Python 基本数据处理 …… 11
实验 2.2 Python 函数库 …… 16

**实验 3 选择结构:选择结构的使用** …… 22

**实验 4 循环结构:循环结构的使用** …… 26

**实验 5 turtle 库:图形绘制** …… 33

**实验 6 序列、集合、字典和 Jieba 库** …… 42

**实验 7 函数和异常处理:递归函数的定义和调用** …… 47

**实验 8 可视化界面设计:基本界面设计** …… 53

**实验 9 文件和数据库** …… 77

实验 9.1 文件 …… 77
实验 9.2 数据库 …… 80

**实验 10 面向对象程序设计:类与对象** …… 84

**实验 11 网络编程:网页解析** …… 94

**实验 12 第三方库** …… 102


## 第二部分 习题解答


**第 1 章 Python 概述** …… 117

**第 2 章 基本数据类型** …… 122

**第 3 章 选择结构** …… 127

**第 4 章 循环结构** …… 131

第5章 turtle库 …… 137
第6章 序列、集合、字典和Jieba库 …… 143
第7章 函数和异常处理 …… 150
第8章 可视化界面设计 …… 153
第9章 文件和数据库 …… 159
第10章 面向对象程序设计 …… 166
第11章 网络编程 …… 169
第12章 第三方库 …… 171

## 第三部分 Python编程练习实例

实例1 绘制正弦曲线 …… 177
实例2 模拟评分 …… 178
实例3 求 $S=A+AA+AAA+\cdots+AA\cdots A$ 的值 …… 179
实例4 球的反弹距离和高度计算 …… 180
实例5 鸡兔同笼问题 …… 181
实例6 在屏幕上显示杨辉三角形 …… 182
实例7 统计选票 …… 183
实例8 验证四方定理 …… 184
实例9 蒙特卡洛方法计算圆周率 …… 185
实例10 绘制随机分布的圆 …… 186
实例11 随机点名 …… 188
实例12 删除列表中重复的数据 …… 189
实例13 年份天数计算 …… 191
实例14 模拟时钟 …… 192
实例15 二分查找法 …… 193
实例16 模拟红绿灯 …… 194
实例17 随机发牌 …… 196
实例18 简单的购物分析 …… 198
实例19 对文本进行分析并生成词云图 …… 201
实例20 播放MP3格式的音乐 …… 203

# 第一部分

# 实 验 指 导

# 实验1

# Python 概述：Python 运行环境

**【实验目的】**

(1) 了解 Python 的特性。

(2) 能够下载和安装 Python 3.7。

(3) 熟练掌握 Python 程序的运行方式。

(4) 能够编写简单的 Python 程序。

(5) 掌握函数调用方法。

(6) 能够安装和卸载第三方库。

**【相关知识】**

**1. Python 语言特性**

Python 语言具有如下优势。

(1) Python 语言简单易学。

(2) Python 语言是开源的、免费的。

(3) Python 是解释型语言。

(4) 高可移植性。

(5) 高可扩展性。

(6) Python 支持面向对象的编程。

(7) Python 拥有功能强大的库。

(8) Python 支持嵌入式编程。

**2. 下载 Python 安装包**

打开 Python 官网（https://www.python.org/downloads/），根据计算机型号选择 Download | Windows 中相应的 Python 版本，如图 1-1-1 所示。

图 1-1-1 选择的两个文件中，Windows x86 executable installer 为 32 位的安装包，Windows x86-64 executable installer 为 64 位的安装包，此时应根据安装者计算机的位数来选择，两者仅在适用的计算机位数上有区别，其他功能均相同。

**3. 安装 Python 3.7**

此处以 32 位的安装包为例，演示自定义安装的步骤。

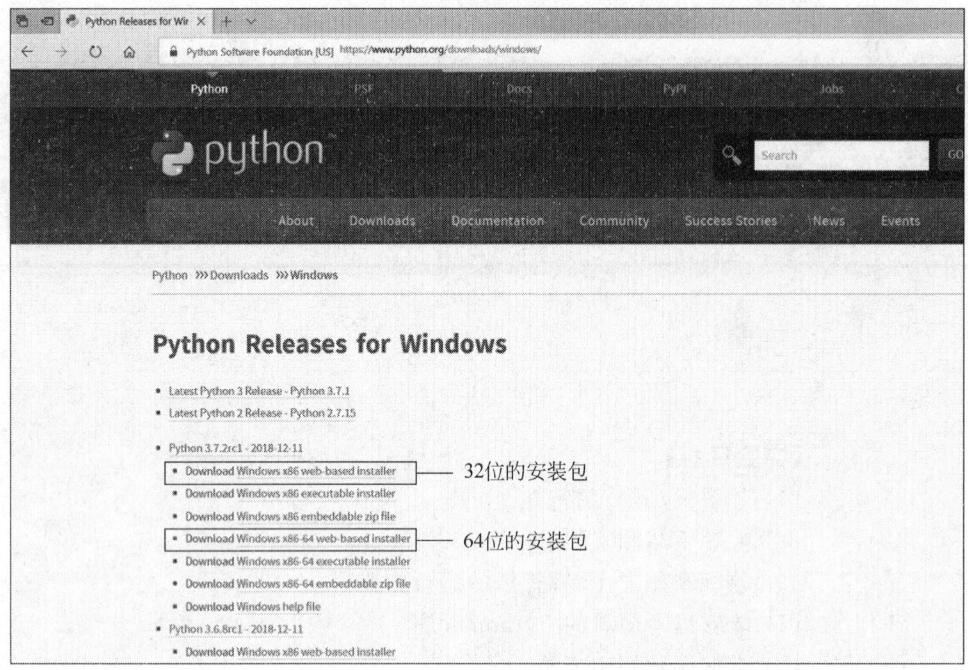


图 1-1-1　选择 Python 版本

双击安装文件 python-3. 7. 2rc1. exe，进入 Python 程序安装界面，选择 Add Python 3.7 to PATH 复选框。此外，如果不想为所有用户安装 Python，也可以取消选择 Install launcher for all users(recommended)复选框。随后，单击 Customize installation 进行自定义安装，如图 1-1-2 所示。

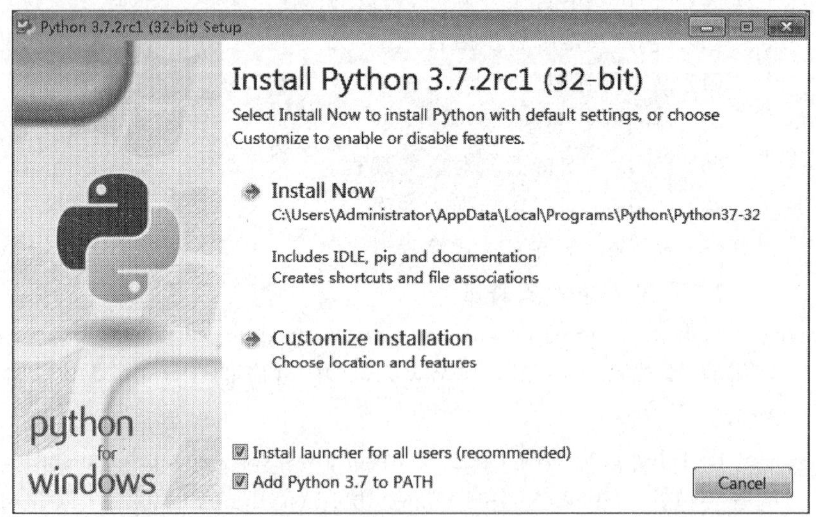


图 1-1-2　Python 系统安装界面

进入选项配置界面，如图 1-1-3 所示。

此时，可以选中 pip 与 tcl/tk and IDLE 复选框。pip 工具可以方便模块安装，IDLE

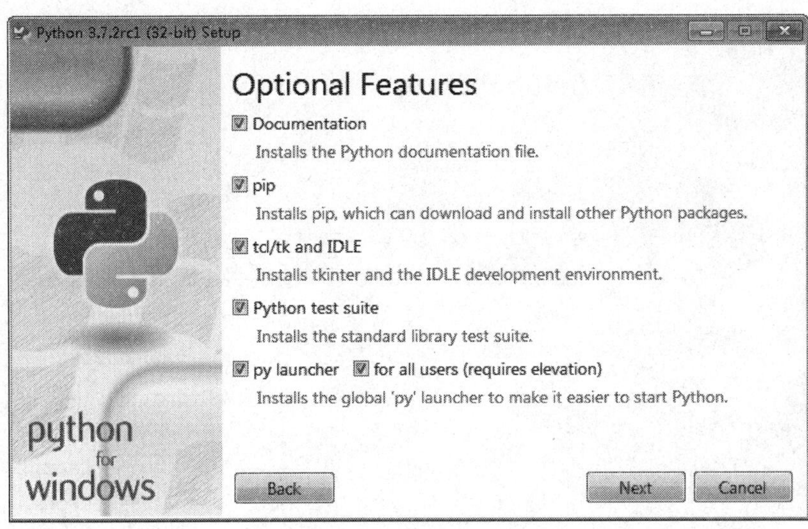


图 1-1-3　选项配置界面

则为默认的 Python 编辑器。其他选项可以根据需要进行选择，以节省安装时间。随后单击 Next 按钮，设置 Python 的安装位置，如图 1-1-4 所示。

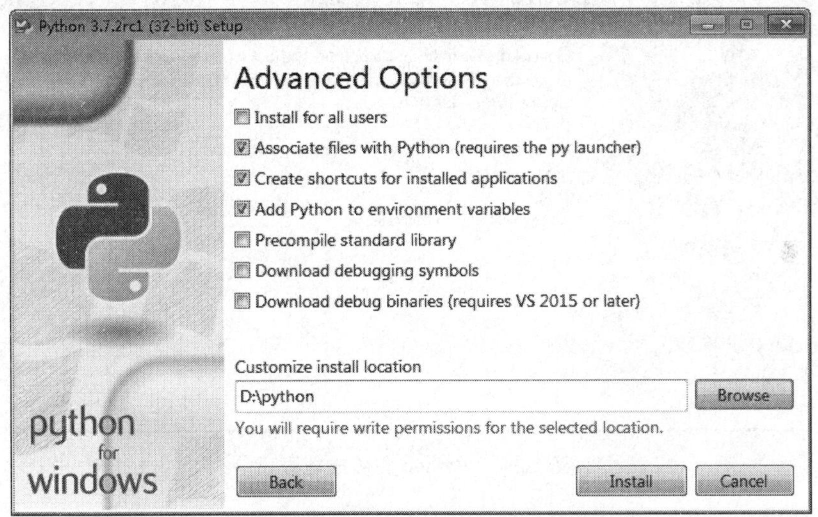


图 1-1-4　设置 Python 的安装位置

在图 1-1-4 所示的界面中，可以设置 Python 的安装位置。例如，可以将路径设置在 D 盘 Python 下的文件夹中。然后，单击 Install 按钮，进入安装进度界面，显示 Python 的安装进度，如图 1-1-5 所示。

进度条加载完毕，显示安装成功界面，如图 1-1-6 所示。单击 Close 按钮，关闭安装向导。

下面验证 Python 是否安装成功。运行 cmd. exe，运行语句“python --version”，显示 Python 的版本，表示安装成功，如图 1-1-7 所示。

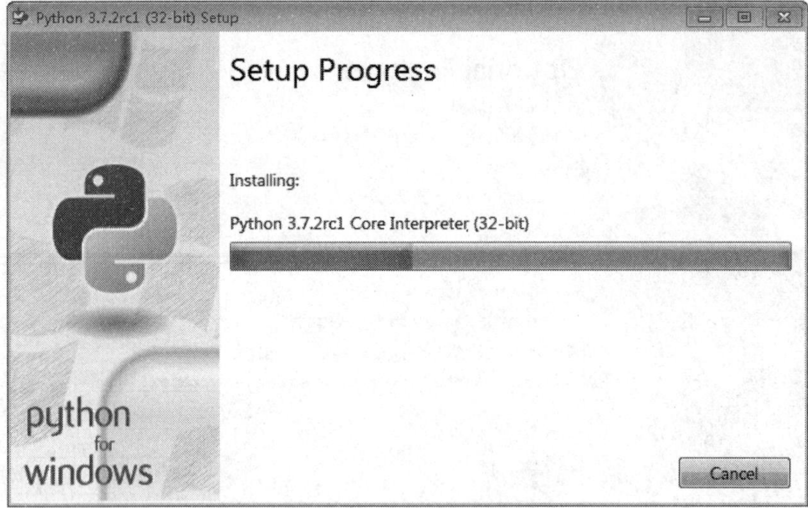


图 1-1-5　显示 Python 的安装进度

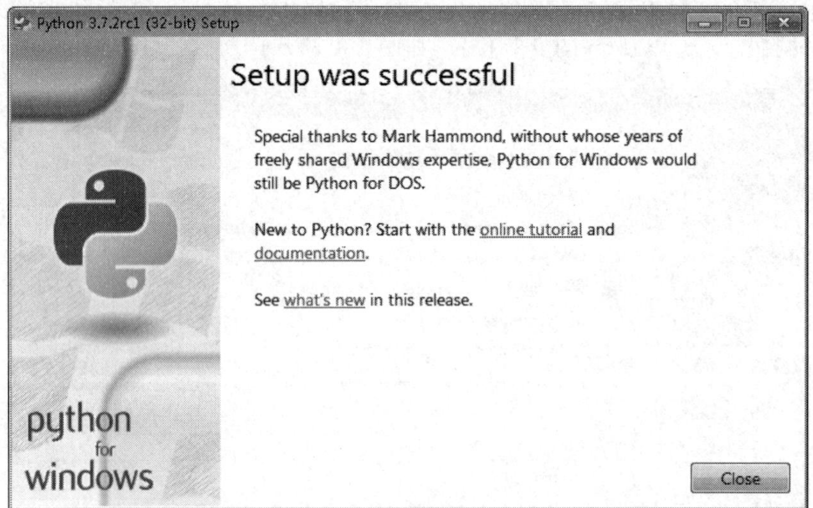


图 1-1-6　Python 安装成功界面

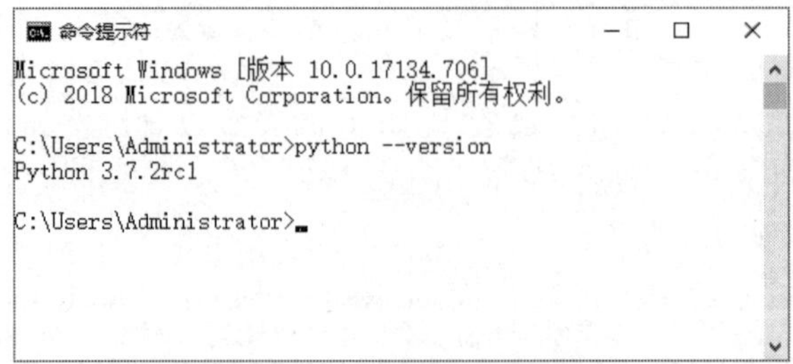


图 1-1-7　显示 Python 的版本

**4. 使用文本编辑器和命令行运行 Python 程序**

Python 解释器采用交互式方式执行 Python 语句，但在交互式环境下，需要逐条输入语句，且执行的语句没有保存在文件中，因而不能重复执行，故不适用于结构复杂的程序设计。

可以在文本文件上编写 Python 程序，设置扩展名为.py，通过 Python 解释器编译、执行。

使用文本编辑器和命令行编写并执行 Python 程序的过程包括以下 3 个步骤。

(1) 创建 Python 源代码文件，即.py 文件，例如“Hello.py”。

(2) 把 Python 源代码文件编译成字节码文件，即.pyc 文件，例如“Hello.pyc”。Python 编译是一个自动的过程，一般不需要关注其具体步骤。将源代码文件编译成字节码文件可以节省加载模块的时间，提高效率。

(3) 加载并执行 Python 程序。

编写 Python 源代码文件，编译并执行 Python 程序的流程如图 1-1-8 所示。

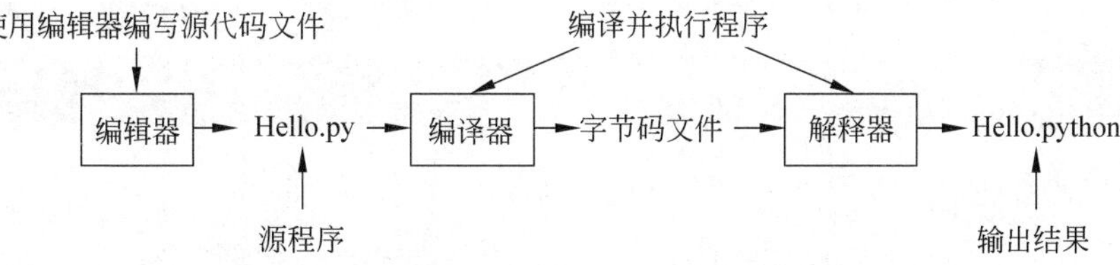


图 1-1-8　编写、编译和执行 Python 程序的流程

**5. 使用 import 引用函数库的两种方式**

方式 1：

```
import<库名>
<库名>.<函数名>(<函数参数>)
```

可以使用 from 和 import 保留字共同完成。

方式 2：

```
from<库名>import<函数名>
```

或

```
from<库名>import *
<函数名>(<函数参数>)
```

**6. 安装和卸载 Python 的第三方 Pillow 库的命令**

安装命令：

```
pip install Pillow
```

卸载命令：

```
pip uninstall packagename
```

**【实验范例】**

**例 1.1** 输入学生的个人信息,包括学号、姓名、邮箱、年龄、身高,然后按输入的顺序将学生信息在屏幕上显示。

**提示:**

(1) 用 input()函数接收从键盘输入的信息。例如:

```
input("请输入你的学号: ")
```

(2) 将这些输入依次用变量保存起来,即为变量赋值。例如:

```
ID=input("请输入你的学号: ")
```

(3) 用 print()函数将这些变量依次进行打印输出。例如:

```
print(ID)
```

程序代码如下:

```
#输入过程
#依次输入学号、姓名、邮箱、年龄和身高信息
#保存在对应变量 ID、name、email、age、height 中
ID =input("请输入你的学号:")
name =input("请输入你的姓名:")
email =input("请输入你的邮箱:")
age =input("请输入你的年龄:")
height =input("请输入你的身高:")
#输出过程
#按照输入顺序将信息输出
print("你的学号是:",ID)
print("你的姓名是:",name)
print("你的邮箱是:",email)
print("你的年龄是:",age)
print("你的身高是:",height)
```

程序运行结果如图 1-1-9 所示。

**【实验任务】**

(1) 编写程序,提示用户输入体重和身高,输出 BMI(Body Mass Index)指数。BMI 的计算公式为

$$\text{BMI}=\frac{\text{体重}}{\text{身高}^2}$$

其中,体重的单位是千克,身高的单位是米,均为浮点数。

**提示:**

① 用 input()函数接收用户从键盘输入的体重和身高。

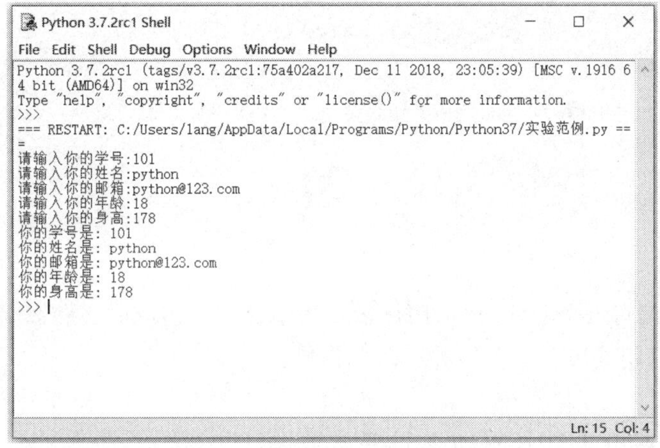

图 1-1-9　例 1.1 程序运行结果

② 将这些输入依次用变量保存起来，即为变量赋值，变量的名字要有意义。

③ 用系统的内置函数 float()进行类型的强制转换，将用户的输入转换为浮点数。

④ 根据公式计算 BMI，用 print()函数打印输出该结果。

程序代码如下：

```
#实验任务 1
weight =input("请输入你的体重(千克):")          #输入体重,单位是千克
height =input("请输入你的身高(米):")            #输入身高,单位是米
#将输入的字符串转换成浮点数
weight =float(weight)
height =float(height)
#计算 BMI
BMI =weight / (height * height)
#输出 BMI
print("你的 BMI 是",BMI)
```

(2) 编写程序，调用 Python 标准库函数，产生一个 0～1000 的随机数。

**提示：**

① 本实验任务需要用到 Python 标准库中的随机模块，程序开始时需要进行导入。例如：

```
from random import randint
```

② 用该模块中的 randint()方法产生一个随机整数。例如，randint(a,b)表示产生一个 a～b 的随机整数。

③ 将结果保存在变量中，输出该变量。

程序代码如下：

```
#实验任务 2
#调用 Python 标准库函数,产生一个 0～1000 的随机数
#导入标准库
```

```
from random import randint
#本程序无输入
#处理
#产生一个 0~1000 的随机数,将其保存在变量 temp 中
temp =randint(0, 1000)
#输出
print("产生的随机数为:",temp)
```

**【拓展训练】**

训练要求：编写一个程序，提示用户输入一个直角三角形的底和高，用勾股定理计算它的斜边长，并打印输出该三角形的三条边长值。

**提示：**

(1) 本训练需要用到 Python 标准库中的 math 模块，程序开始时需要进行导入。例如：

```
import math
```

(2) 用 math 模块中的 sqrt()方法进行开方运算。例如：

```
math.sqrt(4)
```

表示对 4 进行开方运算，结果是 2。

(3) 将结果保存在变量中，输出该变量。

代码如下：

```
#拓展训练
import math
bottom =input("输入底:")          #输入底
height =input("输入高:")          #输入高
#将输入转换成浮点数形式
bottom =float(bottom)
height =float(height)
#计算斜边长
other =math.sqrt(bottom * bottom +  height * height)
#输出
print("底:",bottom)
print("高:",height)
print("斜边:",other)
```

# 实验 2

# 基本数据类型

## 实验 2.1　Python 基本数据处理

**【实验目的】**

(1) 掌握 Python 数字类型的使用方法。

(2) 掌握将数学表达式转换成 Python 语言表达式的方法及注意事项。

(3) 掌握有关运算符号的特殊要求。

(4) 掌握输入、输出函数的使用方法。

(5) 掌握格式字符的使用方法。

(6) 掌握使用格式字符进行数制转换的方法。

**【相关知识】**

**1. 变量的概念**

对 Python 而言，变量存储的只是一个变量的值所在的内存地址，而不是这个变量本身的值。

**2. Python 的数字类型**

(1) 整型：整型数是指不带小数点的数字，分为正整数或负整数，一般的整数常量用十进制(decimal)来表示，Python 还允许将整数常量表示为二进制(binary)、八进制(octal)和十六进制(hexadecimal)，分别在数字前面加上 0b(或 0B)、0o(或 0O)、0x(或 0X)前缀来指定进位制即可。

(2) 浮点型：浮点型用于表示浮点数。带有小数点的数值都会被视为浮点数，除了一般的小数点表示形式外，也可以使用科学计数法的格式以指数来表示。Python 中的科学计数法表示为<实数>E 或者 e<±整数>。

(3) 布尔型：布尔型只有两个值：True 与 False(其中第一个字母必须大写)，分别用于表示逻辑真和逻辑假。用于计算时，布尔值也可以当成数值来运算，True 对应整数 1，False 对应整数 0。

(4) 复数型：复数型用于表示数学中的复数。复数常量表示为“实部＋虚部”的形式，虚部以 j 或 J 结尾，实部和虚部都是浮点型，而且必须有表示虚部的浮点数和 j(或 J)，即使虚部的浮点数部分是 1 也不能省略。

**3. 字符串**

字符串是由一系列的字符组成的，最基本的表示方式是使用单引号(' ')、双引号(" ")、三单引号(''' ''')或三双引号(""" """)来表示字符串常量，并且单引号、双引号、三单引号、三双引号还可以互相嵌套，用来表示复杂的字符串。

字符串中有一些特殊字符无法由键盘输入或该字符已经被定义为其他用途，要使用这些字符就必须使用反斜杠“\”转义特殊字符。

**4. 运算符和表达式**

(1) Python语言定义的运算符有以下几类。

① 算数运算符：+、-、*、**、/、//、%。

② 赋值运算符：=、+=、-=、*=、**=、/=、//=、%=。

③ 关系运算符：==、!=、>、<、>=、<=。

④ 逻辑运算符：and、or、not。

(2) 表达式：表达式是将不同类型的数据(常量、变量、函数)用运算符按照一定的规则连接起来的式子。因此，表达式由值、常量、变量、函数和运算符等组成。

**5. input输入函数**

input函数用于获取用户输入的数据，该函数可以指定提示文字，用户输入的数据则存储在指定的变量中，其基本格式如下：

```
变量=input("提示字符串")
```

**6. print输出函数**

(1) print函数的基本格式如下：

```
print([object1,…][, sep=' '][, end='\n'])
```

(2) 用“%字符”格式化输出的格式如下：

```
print("格式化文本"%(变量1, 变量2,…,变量n))
```

(3) 搭配format函数格式化输出。

**【实验范例】**

**例2.1** 表达式示例。

数学表达式$\frac{1}{3}[2x^2+(|x-y|-1)]$写成Python表达式为

```
(2*x*x+(abs(x-y)-1))/3
```

Python表达式遵循下列书写规则。

(1) 表达式从左到右在同一个基准上书写，无高低、大小之分。

(2) 表达式中的乘号(*)不能省略。

(3) 括号可以嵌套使用，但是必须成对出现，不能使用中括号和大括号。

**例2.2** 算术运算符的使用。

程序代码如下：

```
print("%f"%(10.0/3))
print("%f"%(10/3))
print("%d"%(10/3))
print("%d,%d,%d"%(10//3,10.0//-3,-10//3.0))
print("%d,%d,%d,%d"%(10%3,10%-3,-10%3,-10%-3))
```

程序运行结果如下：

```
3.333333
3.333333
3
3,-4,-4
1,-2,2,-1
```

**注意**：

(1) 不同类型的数据进行混合运算时，会将整数转换为浮点数。

(2) 使用单斜杠(/)除法运算符时，一律返回浮点数，如果用了格式控制符“%d”，则输出整数。

(3) 使用双斜杠(//)除法运算符时，无论相除的两个数是整数还是浮点数，其结果都是向下取整后小于商的最大整数。

(4) 余数的符号与除数的符号一致。

**例 2.3** 输出整数500的浮点数、二进制数、八进制数和十六进制数。

程序代码如下：

```
num=500
print("数字%s的浮点数：%5.1f"%(num,num))
print("数字%s的二进制数：%s"%(num,bin(num)))
print("数字%s的八进制数：%o"%(num,num))
print("数字%s的十六进制数：%x"%(num,num))
```

程序运行结果如下：

```
数字500的浮点数：500.0
数字500的二进制数：0b111110100
数字500的八进制数：764
数字500的十六进制数：1f4
```

**注意**：由于二进制数没有格式化符号，因此可以通过内置函数bin()将十进制数转换成二进制数再输出。

**【实验任务】**

(1) 依据要求写出相应的Python表达式。

① 已知直角坐标系中的一点坐标$(x,y)$，表示其在第二象限或第四象限。

② 表示$x$是3或7的倍数。

③ 表示关系式$10 \leqslant x < 20$。

④ 表示$x$是一个大写字母。

**提示：**

① x<0 and y>0 or x>0 and y<0

② x%3==0 or x%7==0

③ x>=10 and x<20 或 10<=x<20

④ x>='A' and x<='Z'或'A'<=x<='Z'

(2) 编写程序求多项式 $ax^3+bx^2+c$ 的值($a=2,b=3,c=4,x=1.414$)，并输出。

程序代码如下：

```
a=2;b=3;c=4;x=1.414
y=a*x*x*x+b*x*x+c
print("此多项式的值为：%6.2f"%y)
```

程序运行结果如下：

```
此多项式的值为：15.65
```

(3) 编写程序求下列复合赋值后 a 的值，并输出。

```
a=2;  a+=a;  a-=2;  a=a*2+3;  a/=a+a;
```

程序代码如下：

```
a=2;a+=a;a-=2;a=a*2+3;a/=a+a
print("a的值为：%.2f"%a)
```

程序运行结果如下：

```
a的值为：0.50
```

(4) 编写程序求表达式“3.5+(9/2*(3.5+6.7)/2)%4”的值，并输出。

程序代码如下：

```
x=3.5+(9/2*(3.5+6.7)/2)%4
print("表达式\"3.5+(9/2*(3.5+6.7)/2)%4\"的值为：{0:.2f}".format(x))
```

程序运行结果如下：

```
表达式"3.5+(9/2*(3.5+6.7)/2)%4"的值为：6.45
```

(5) 若 a=3,b=4,c=5,x=1.414,y=1.732,z=2.712，编写程序，要求按以下要求的格式输出：

```
a=3      b=4      c=5
x=1.414  y=1.732  z=2.712
```

其中，每个数据的域宽为 7 位。

程序代码如下：

```
a=3;b=4;c=5;x=1.414;y=1.732;z=2.712
print("a={0:<7}b={1:<7}c={2:<7}".format(3,4,5))
print("x=%-7.3fy=%-7.3fz=%-7.3f"%(1.414,1.732,2.712))
```

程序运行结果如下：

```
a=3      b=4      c=5
x=1.414  y=1.732  z=2.712
```

(6) 编写程序,将十进制数 20、64、127 分别转换成八进制数和十六进制数,并输出。

程序代码如下：

```
a=20;b=64;c=127
print("%3d的八进制数为:%3o,十六进制数为:%3x"%(a,a,a))
print("%3d的八进制数为:%3o,十六进制数为:%3x"%(b,b,b))
print("%3d的八进制数为:%3o,十六进制数为:%3x"%(c,c,c))
```

程序运行结果如下：

```
20的八进制数为:24,十六进制数为:14
64的八进制数为:100,十六进制数为:40
127的八进制数为:177,十六进制数为:7f
```

(7) 编写程序,计算并输出 1/3 的小数值,保留 6 位小数且带%(如 0.333333%)。

程序代码如下：

```
a=1/3
print("{0:.6}%".format(a))
```

程序运行结果如下：

```
0.333333%
```

**【拓展训练】**

训练要求：整数的拆分。从键盘输入任意一个 3 位正整数 num,拆分出个位、十位、百位数字,并输出。

分析：

(1) 提取个位数字的方法：num%100,即此 3 位数除以 100 的余数为个位上的数字。

(2) 提取十位数字有以下两种方法。

方法 1：num//10%10,即 num 整除 10 得到百位和十位数字后,再除以 10 的余数为十位上的数字。

方法 2：num%100//10,即 num 除以 100 的余数得到十位和个位数字后,再整除 10

的商为十位上的数字。

(3) 提取百位数字的方法：num//100，即此 3 位数整除 100 的商为百位上的数字。

程序代码如下：

```
num=int(input("请输入任意一个 3 位正整数："))
ge=num%10
shi=num//10%10 #或者 shi=num%100//10
bai=num//100
print("%d的个位数字为：%d,十位数字为：%d,百位数字为：%d。"%(num,ge,shi,bai))
```

程序运行结果如下：

```
请输入任意一个 3 位正整数：531
531 的个位数字为：1,十位数字为：3,百位数字为：5。
```

## 实验 2.2　Python 函数库

**【实验目的】**

(1) 掌握常用字符串函数与方法的使用方法。

(2) 掌握常用内置函数的使用方法。

(3) 掌握 math 库常用函数的使用方法。

(4) 掌握检查语法错误的常用方法。

**【相关知识】**

**1. 常用字符串方法**

常用字符串方法如表 1-2-1 所示。

**表 1-2-1　常用字符串方法列表**

| 类　型 | 字符串方法格式 | 类　型 | 字符串方法格式 |
|---|---|---|---|
| 大、小写字母转换 | String. upper() | 字符串判断 | String. startswith(str) |
| | String. lower() | | String. endswith(str) |
| | String. capitalize() | | String. isalnum() |
| | String. title() | | String. isalpha() |
| | String. swapcase() | | String. isdigit() |
| 连接 | str. join(String) | | String. isupper() |
| 分割 | String. split(str) | | String. islower() |
| 字符串搜索 | String. count(str) | 删除字符 | String. strip(str) |
| | String. find(str) | | String. lstrip(str) |
| | String. rfind(str) | | String. rstrip(str) |
| | String. index(str) | | String. strip() |
| | String. rindex(str) | | String. lstrip() |
| 替换字符 | String. replace(oldstr,newstr) | | String. rstrip() |

### 2. 常用内置函数

常用内置函数有以下几种。

abs($x$)、chr($x$)、eval(expression[, globals[, locals]])、float([$x$])、help(object)、int($x$, base=10)、len(object)、pow($x$, $y$[, $z$])、range([start], stop[, step])、round($a$,$b$)、str(int)、type(object)

### 3. math 库

math 库中常用的数学函数与三角函数如表 1-2-2 所示。

**表 1-2-2 math 库中常用的数学函数与三角函数**

| 函数类别 | 库函数 | 函数类别 | 库函数 |
|---|---|---|---|
| 数学函数 | ceil($x$) | 数学函数 | *round*(x,y) |
| | exp($x$) | | *sqrt*(x) |
| | fabs($x$) | 三角函数 | *acos*(x) |
| | factorial($x$) | | *asin*(x) |
| | floor($x$) | | *atan*(x) |
| | log($x$) | | *atan2*(y,x) |
| | log($x$,$y$) | | *cos*(x) |
| | log10($x$) | | *degrees*(x) |
| | mod $f$($x$) | | *hypot*(x,y) |
| | *pow*(x,y) | | *radians*(x) |
| | | | *sin*(x) |
| | | | *tan*(x) |

**【实验范例】**

**例 2.4** 编写程序，输入 $a$、$b$ 两个整数，分别求它们的积、商和余数，并输出。

程序代码如下：

```
a=input("请输入一个整数 a: ")
b=input("请输入另一个整数 b: ")
x=int(a) * int(b)
y=int(a)/int(b)
z=int(a)%int(b)
print("积=%d,商=%.2f,余数=%d"%(x,y,z))
```

程序运行结果如下：

```
请输入一个整数 a: 5
请输入另一个整数 b: 8
积=40,商=0.62,余数=5
```

**注意**：用户输入的数据是字符串格式，如果需要输入整数或小数等，可以使用内置的 int()函数或 float()函数将输入的字符串转换为整数或浮点数。

**例 2.5** 内置函数使用示例。

```
>>>s="Hello world!"
>>>type(s)          #返回对象 s 所属的数据类型。输出: <class 'str'>
>>>len(s)           #返回字符串 s 的长度。输出: 12
```

**例 2.6** 模块的导入示例。

```
>>>import math
>>>math.cos(5)          #输出: 0.28366218546322625
```

**【实验任务】**

(1) 把下面的算术表达式写成 Python 表达式。

① $|x+y|$。

② $(3+xy)^2$。

③ $\dfrac{-b+\sqrt{b^2-4ac}}{2a}$。

④ $\sin 30°+\mathrm{e}^2$。

⑤ $\dfrac{\sin\left(\sqrt{x^2}\right)}{ab}$。

**提示：**

① abs(x+y)。

② (3+x * y) * * 2。

③ (-b+sqrt(b * b-4 * a * c))/(2 * a)。

④ sin(30 * 3.14/180)+exp(2)。

⑤ sin(sqrt(x * x) * 3.14/180)/a/b。

(2) 若 $a=3$、$b=4$、$c=5$，编写程序，要求用 input()函数完成输入，按以下要求的格式输出：

```
x1=a+b+c=3+4+5=12
x2=a-b-c=3-4-5=-6
```

程序代码如下：

```
a=input("请输入 a 的值: ")
b=input("请输入 b 的值: ")
c=input("请输入 c 的值: ")
x=int(a);y=int(b);z=int(c)
print("x1=a+b+c=%d+%d+%d=%d"%(x,y,z,x+y+z))
print("x2=a-b-c=%d-%d-%d=%d"%(x,y,z,x-y-z))
```

程序运行结果如下：

```
请输入 a 的值: 3
请输入 b 的值: 4
请输入 c 的值: 5
x1=a+b+c=3+4+5=12
x2=a-b-c=3-4-5=-6
```

(3) 编写程序且上机运行：已知摄氏温度 $C$，根据下面公式求华氏温度 $F$(结果保留一位小数)。

$$F=(9/5)C+32$$

程序代码如下：

```
C=float(input("请输入摄氏温度: "))
F=(9/5)*C+32
print("摄氏温度%.1f转换为华氏温度为: %.1f"%(C,F))
```

程序运行结果如下：

```
请输入摄氏温度: 36
摄氏温度36.0转换为华氏温度为: 96.8
```

(4) 将'A'、'B'、'C'、'D'分别赋给 c1、c2、c3、c4，要求用 input()函数完成输入，然后显示这 4 个字符对应的 ASCII 码。

程序代码如下：

```
c1=input("请输入字符A: ")
c2=input("请输入字符B: ")
c3=input("请输入字符C: ")
c4=input("请输入字符D: ")
print("A的ASCII码值为: %d"%ord(c1))
print("B的ASCII码值为: %d"%ord(c2))
print("C的ASCII码值为: %d"%ord(c3))
print("D的ASCII码值为: %d"%ord(c4))
```

程序运行结果如下：

```
请输入字符A: A
请输入字符B: B
请输入字符C: C
请输入字符D: D
A的ASCII码值为: 65
B的ASCII码值为: 66
C的ASCII码值为: 67
D的ASCII码值为: 68
```

(5) 将 60、61、62、63 分别赋给 d1、d2、d3、d4，利用 d1、d2、d3、d4 显示相应的 ASCII 码字符'A'～'D'。

程序代码如下：

```
d1=60;d2=61;d3=62;d4=63
print("%s,%s,%s,%s"%(chr(d1+5),chr(d2+5),chr(d3+5),chr(d4+5)))
```

程序运行结果如下：

```
A,B,C,D
```

(6) 编程计算$e^{3.14}$的值并输出,结果精确到5位小数。

**提示**:$e^x$ 的库函数为 exp()。

程序代码如下:

```
import math
x=math.exp(3.14)
print("e的3.14次方的值为: %.5f"%x)
```

程序运行结果如下:

```
e的3.14次方的值为: 23.10387
```

(7) 已知三角形的三条边,编程计算三角形的面积并输出。

**提示**:三角形的面积公式为

$$s = \sqrt{h(h-a)(h-b)(h-c)}$$

式中,$a$、$b$、$c$ 分别为三角形的三条边长,$h$ 为三角形周长的一半。

程序代码如下:

```
import math
a=int(input("请输入三角形第一条边的值: "))
b=int(input("请输入三角形第二条边的值: "))
c=int(input("请输入三角形第三条边的值: "))
h=(a+b+c)/2
s=math.sqrt(h*(h-a)*(h-b)*(h-c))
print("此三角形的面积为: %.2f"%s)
```

程序运行结果如下:

```
请输入三角形第一条边的值: 5
请输入三角形第二条边的值: 6
请输入三角形第三条边的值: 9
此三角形的面积为: 14.14
```

**【拓展训练】**

训练要求:使用 help()函数查看 Python 的关键字。

程序代码如下:

```
>>>help()               #进入帮助系统
help>keywords           #查看 Python 的所有关键字列表
Here is a list of the Python keywords. Enter any keyword to get more help.
False          class          from          or
None           continue       global        pass
True           def            if            raise
and            del            import        return
as             elif           in            try
```

```
assert          else        is          while
async           except      lambda      with
await           finally     nonlocal    yield
break           for         not
help>None  #例如查看关键字 None 的说明
help>quit  #输入 quit 或 q 退出帮助系统
>>>
```

# 实验 3

# 选择结构：选择结构的使用

**【实验目的】**

(1) 掌握条件语句中逻辑表达式的正确书写规则。

(2) 掌握单分支、双分支及多分支条件语句的使用方法。

**【相关知识】**

选择结构是一种常用的基本结构，其特点是根据给定的选择条件来决定从不同操作中选择一种操作。常见的选择结构有以下几种。

(1) 单分支选择结构。

```
if  表达式:
    语句块
```

(2) 双分支选择结构 1。

```
if  表达式:
   语句块 1
else:
   语句块 2
```

(3) 双分支选择结构 2。

```
表达式 1  if  条件  else  表达式 2
```

(4) 多分支选择结构。

```
if  表达式 1:
  语句块 1
elif 表达式 2:
  语句块 2
  …
else:
  语句块 n
```

(5) if 语句的嵌套。

```
if 表达式 1:
    if 表达式 2:
        语句块 1
    else:
        语句块 2
else:
    if 表达式 2:
        语句块 3
    else:
        语句块 4
```

**说明：**

① if 语句中，表达式表示一个判断条件，可以是任何能够产生 true(1)或 false(0)的表达式或函数。表达式中一般包含关系运算符、成员运算符或逻辑运算符。

② Python 最具特色的功能就是使用缩进来表示语句块，不需要使用大括号。缩进的字符数是可变的，但是同一个语句块的语句必须包含相同的缩进字符数，如果缩进不一致会导致逻辑错误。

③ 在 Python 中，条件表达式中不允许使用赋值运算符“=”。

**【实验范例】**

**例 3.1**　某校三好学生的评定标准为：语文(c1)和数学(c2)两科的平均成绩大于 90 分，且每科成绩不低于 85 分，编写程序进行判断并输出判断结果。

分析：此例根据学生成绩判断该学生是否符合三好学生评定标准，判断结果只有两种情况，“是”或“不是”，所以这里只须采用 if 语句的双分支结构来表达即可。

程序代码如下：

```
c1=int(input("请输入语文成绩："))
c2=int(input("请输入数学成绩："))
if (c1+c2)/2>90 and c1>=85 and c2>=85:
    print("符合三好学生条件")
else:
    print("不符合条件")
```

**例 3.2**　某网吧根据上网时间来计算上网费用，计算规则如下，编程实现自动计费功能。

(1) 上网时间为 10 小时(含 10 小时)以内，基本网费 20 元；

(2) 上网时间为 10～50 小时(含 50 小时)，除基本网费 20 元外，超过 10 小时的部分每小时 1.5 元；

(3) 上网时间超过 50 小时，基本网费 30 元，每小时 1 元。

分析：此例需要根据已知条件进行上面 3 种情况的判断分析，因此采用 if 语句的多分支选择结构来表达比较简明、清晰。

程序代码如下：

```
t=int(input("请输入上网的小时数: "))
if t<=10:
    cost =20
elif t>10 and t<=50 :
    cost=20+ (t -10) * 1.5
elif t>50 :
    cost=30 +t * 1
print ("上网时间是%d小时,网费=%.1f元"%(t,cost))
```

**【实验任务】**

(1) 编写程序用于判断输入的年份是否为闰年,判断条件是能被400整除或者被4整除但不被100整除的年份是闰年。

程序代码如下:

```
year=eval(input("请输入任意年份: "))
if (year%400==0) or (year%4==0 and year%100!=0) :
    print("%d年是闰年!"%(year))
else:
    print("%d年不是闰年!"%(year))
```

(2) 某商场购物打折范围如下:消费在200元以内不打折,200～500元范围内打九折,超过500元打八折,请编写根据消费金额计算最终交费金额的程序代码。

程序代码如下:

```
x =eval(input("请输入消费金额: "))
if x<200:
    cost=x
elif 200<=x<=500:
    cost=x * 0.9
elif x>500:
    cost=x * 0.8
print ("最终交费=%.2f元"%(cost))
```

**【拓展训练】**

相关知识:多分支if语句有多个elif为条件分支,当满足多个elif中的条件时,仅执行首次匹配成功的elif中的语句,虽然也满足后面elif中的条件,但都不被执行。

训练要求:编写一个模拟彩票兑奖的程序,当兑奖者输入一个4位数时,将此数字与计算机随机产生的4位数相比较,根据比较的结果来决定获奖等级。中奖规则为:4位数字全部相同为一等奖;后3位数字相同为二等奖;后2位数字相同为三等奖;最后1位数字相同则为四等奖。

分析:此题需要根据彩票的比对情况进行5种情况的判断分析,因此采用if语句的多分支选择结构来表达。这里调用random.randint(1000,9999)函数产生一个4位的随机数,通过str()函数把随机数由数值转换为字符,与input()函数输入的内容进行比对,每次比对的数字逐渐减少,对应的获奖等级也逐渐降低。

程序代码如下:

```
import random
#随机生成一个 4 位数作为中奖码
x=random.randint(1000,9999)
print("本期中奖号码是",x)
winnum=str(x)
ynum=input("请输入你的彩票 4 位号码：")
#如果 ynum 等于 winnum,则获一等奖
if ynum==winnum:
    print("恭喜!你中了一等奖")
  #如果后 3 位数字相同,则获二等奖
elif ynum[-3:]==winnum[-3:]:
    print("恭喜!你中了二等奖")
  #如果后 2 位数字相同,则获三等奖
elif ynum[-2:]==winnum[-2:]:
    print("恭喜!你中了三等奖")
  #如果最后 1 位数字相同,则获四等奖
elif ynum[-1:]==winnum[-1:]:
    print("恭喜!你中了四等奖")
else:
    print("谢谢参与!祝你下次好运!")
```

# 实验 4

# 循环结构：循环结构的使用

**【实验目的】**

(1) 掌握循环的概念，能够用循环结构来解决算法问题。

(2) 熟练掌握实现遍历循环操作的 for 语句。

(3) 熟练掌握实现无限循环操作的 while 语句。

(4) 掌握用来辅助控制循环执行的 break 语句和 continue 语句。

**【相关知识】**

**1. 遍历循环：for 语句**

Python 的 for 循环结构有以下几种形式。

(1) 遍历序列：

```
for 循环变量 in 遍历序列:
    循环体语句块
```

执行过程：依次将遍历序列的每一个值传递给循环变量，每传递一个值时执行一次循环体语句块，直至传递完遍历序列的最后一个值，for 语句退出。

for 遍历循环可以遍历任何序列的项目，例如字符串(str)、列表(list)、元组(tuple)等。

例如：

```
for x in "ABCD":
    print("Hello!",x)
```

其中，for 语句循环的次数等于字符串“ABCD”中值的个数，遍历时，for 语句把字符串的值依次赋给了 x，执行循环体并打印输出。

输出结果如下：

```
Hello! A
Hello! B
Hello! C
Hello! D
```

（2）有限次循环：

```
for 循环变量 in range ( i, j [,k ]):
    循环体语句块
```

其中，$i$ 是初始值（默认为'0'），$j$ 是终止值（默认为'1'），$k$ 是步长。

例如：

```
s=0
for i in range(1,100,2):
    s=s+i
print("s=1+3+5+7+..+99=",s)
```

输出结果如下：

```
s=1+3+5+7+..+99=2500
```

（3）遍历文件：

```
for eachrow in open("D:\\zzu.txt"):
    print(eachrow)
```

（4）遍历字典：

```
for x,y in {"姓名":'李明',"年龄":18}.items():
    print(x,y)
```

**2．无限循环：while 语句**

while 语句也称为无限循环语句，常用于控制循环次数未知的循环结构，语法格式如下：

```
while 条件表达式:
    循环体语句块
```

while 循环中，当条件表达式为真时，就会重复执行循环体语句块，直到条件表达式为假才结束循环。

**3．break 和 continue 语句，以及循环中的 else 子句**

参见本实验的拓展训练部分。

**【实验范例】**

**例 4.1**　有一个分数序列 2/1,3/2,5/3,8/5,13/8,21/13，编程计算这个数列的前 20 项之和。

分析：观察分子与分母的变化规律，总结出序列规律如下：前一个分数的分子与分母的和作为下一个分数的分子，前一个分数的分子作为下一个分数的分母。采用 for 循环遍历，range(1,21)控制循环次数。

程序代码如下：

```
a,b,s,t=1,1,0,0
for n in range(1,21):
    t=a
    a=a+b
    b=t
    s+=a/b
print("2/1+3/2+5/3+8/5+13/8+…=%.2f" %s)
```

**例 4.2** 设计一个“过 7 游戏”的程序，这个游戏有 5 人以上参与，从任意一人从 1 开始报数：当遇到 7 的倍数(如 7,14,21,…)或含有数字 7(如 17,27,…)时，必须以敲桌子代替，报出 7 的倍数和含有数字 7 的人为输。

分析：7 的倍数，即除以 7 余数是 0(num % 7 == 0)；个位数含有 7 的数，即除以 10 余数是 7 ( num % 10 == 7)；十位数含有 7 的数，即除以 10 后取整是 7 (num // 10 == 7)。

通过 while 循环分别对 1～99 的每一个数进行判断，如果某个数是 7 的倍数或含有数字 7，忽略此数，开始下一轮循环去判断下一个数。

程序代码如下：

```
n =0
while n <=99:
    n=n +1
    if (n %7==0) or (n %10==7) or (n // 10==7):
        print("敲桌子")
    else:
        print(n)
```

**例 4.3** 如果将 20 元钱换成零钱，要求只能换成 1 元、5 元、10 元面值的纸币，共有多少种兑换方法，分别是什么？

分析：20 元零钱中，每种纸币可能出现的次数：10 元纸币是 0～2 次，5 元纸币是 0～4 次，1 元纸币是 0～20 次。判断所有的组合中，币值总和正好是 20 元的情况有几种，即是此题所求。

```
n=0
for x in range(3):                    #10元面值的纸币张数为 0~2
    for y in range(5):                #5元面值的纸币张数为 0~4
        for z in range(21):           #1元面值的纸币张数为 0~20
            if x * 10+y * 5+z==20:
                print('10元=%d张  5元=%d张  1元=%d张  '%(x, y, z))
                n+=1
print('纸币兑换方法有%d种'%n)
```

本程序使用了三重嵌套的 for 循环结构，x、y、z 分别代表 10 元、5 元、1 元面值的纸币张数。for 循环把 range(3) 生成的[0,1,2]中的元素不断地赋值给 x，把 range(5) 生成的

[0,1,2,3,4]中的元素赋值给 y，把 range(21) 生成的[0,1,2,…,20]中的元素赋值给 z。三重嵌套遍历循环共执行 3×5×21=315 次 if 判断，筛选出 9 种面值总和是 20 元的组合情况。

**【实验任务】**

(1) 参照例 4.3，把主教材中的百钱百鸡问题，用 for 遍历循环编写程序。

```
for cock in range(21):                  #公鸡个数为 0~20
    for hen in range(34):               #母鸡个数为 0~33
        chick=100-cock-hen              #小鸡个数
        if cock * 5+hen * 3+chick/3==100:
            print("公鸡=%d,母鸡=%d,雏鸡=%d"%(cock,hen,chick))
```

(2) 编程计算自然对数 e 的近似值，要求其误差小于 0.00001，公式为

$$e=1+1/1!\ +1/2!+1/3!+\cdots+1/n!+\cdots$$

```
from math import e
print("math 库里数学常数 e 的值是：",e)
x,i,n,t=0,0,1,1
while t>=0.00001:
    x=x+t
    i=i+1
    n=n * i
    t=1/n
print("利用级数公式所求的 e 近似值是：",x)
```

(3) 编程找出 1000 以内的所有完数。一个数如果恰好等于它的因子之和，这个数就称为“完数”。例如 6=1+2+3，6 是完数。

```
for x in range(1,1000):
    sum=0
    for i in range(1,x):
      if x%i==0:
          sum=sum+i
if sum==x:
    print("%d 是完数"%x)
```

(4)编写程序，使用 while 循环输出如下图形：

```
*
* *
* * *
* * * *
* * * * *
```

```
i=1
while i<=5:
    j=1
    while j<=i:
```

```
        print("*",end='')          #不换行连续打印i个*
        j=j+1
    i=i+1
    print() #换行
```

输出倒三角形的程序代码为：

```
i=5
while i>=1:
    j=1
    while j<=i:
        print("*",end='')
        j=j+1
    i=i-1
    print()
```

**【拓展训练】**

相关知识：与其他编程语言不同的是，Python的循环结构中会有else关键字，else下面的语句在while循环或for循环正常结束时会被执行。但如果循环被break语句结束、执行了return语句或有其他异常处理出现时，则不会执行else语句。

格式1：

```
while 表达式：
      循环体
else:
      语句体
```

格式2：

```
for 控制变量 in 可遍历的表达式:
    循环体
else:
    语句体
```

训练1：编写程序，输入任意一个整数，判断该整数是否是素数，并输出判断结果。

**提示**：首先来看一个循环结构中没有应用else子句的程序代码：

```
num=int(input("输入一个整数："))
i=2
while(i <num):     #此循环判断某一个num是否有因子
    if (num %i==0):
        break
    i=i+1
if (i==num) :
```

```
    print(num,"是素数")
else:
    print(num,"有因子",i,",不是素数")
```

这是一个查找素数的程序，其中应用了 break 来中止循环，跳出循环后再根据变量 i 值的大小来判断是否是素数。

如果在 while 循环中引入 else 关键字，程序后半部分可以由 if (i==num)：print (num,"是素数")变为 else ：print(num,"是素数")，舍弃对 i 值大小的判断，直接由 while 循环所含的 else 子句下结论。程序代码修改如下：

```
num=int(input("输入一个整数："))
i=2
while(i<num):        #此循环判断某一个 num 是否有因子
    if (num%i==0):
        print(num,"有因子",i,",不是素数")
        break
    i=i+1
else:
    print(num,"是素数")
```

因为只有当前面的循环被 break 打断而不是正常结束循环时，else 子句才不被执行，此时已经隐含了循环是由 i 递增到终止值而导致的正常结束，不需要再判断 i 是否递增到 num 了。

使用 else 子句时，应注意结合 break、return 等关键词，否则会得出一些错误的结果。例如：

```
for str in 'abc':
    if str=='b':print("找到字母 b 了")
else:
  print ("没有字母 b")
```

程序运行结果如下：

```
找到字母 b 了
没有字母 b
```

这里因为 for 循环里没有 break 关键字，循环可以正常结束，else 子句也就正常被执行，因此出现两个结果。将该程序代码改造如下：

```
for str in 'abc':
    if str=='b':
        print("找到字母 b 了")
        break
else:
    print ("没有字母 b …")
```

训练 2：编写程序，将一个正整数分解质因数并输出。例如，当输入 90 后，输出为 90＝2*3*3*5。

分析：对 $n$ 分解质因数，应先找到一个最小的质数 $k$，然后执行下述步骤。

① 如果 $k=n$，则分解质因数的过程已经结束，打印输出 $k$。

② 如果 $n \neq k$，但 $n$ 能被 $k$ 整除，则打印输出 $k$，并且把 $n/k$ 的值作为新的 $n$ 值，重复执行第①步。

③ 如果 $n$ 不能被 $k$ 整除，则用 $k+1$ 作为 $k$ 的值，重复执行第①步。

```
n =int(input("输入任意一个正整数:"))
print("%d ="%n,end="")
for k in range(2,n+1):
    while n!=k:
        if n %k==0:
            n=n/k
            print("%d * " %k,end="")
        else:
            break
print("%d"%n)
```

# 实验5

# turtle 库：图形绘制

**【实验目的】**

（1）掌握 turtle 库的使用方法。

（2）了解常用函数的作用。

**【相关知识】**

**1. 画布设置**

（1）turtle.screensize(width，height，bg)：参数分别为画布的宽、高、背景颜色。其中宽和高的单位均为像素。

（2）turtle.setup(width，height，startx，starty)：参数 width 和 height 表示宽和高，为整数时，表示像素；为小数时，表示占据屏幕的比例。startx 和 starty 表示距离屏幕左上角顶点的横向和纵向距离，如果为空，则窗口位于屏幕中心。

例如：

```
turtle.screensize(800,600, "green")
```

表示设置宽 800 像素、高 600 像素、背景色为绿色的画布，位置在屏幕中央。常用的背景色有 white（白色）、black（黑色）、grey（灰色）、darkgreen（深绿色）、gold（金色）、violet（淡紫色）、purple（紫色）、red（红色）、blue（蓝色）等。

又如：

```
turtle.setup(width=400,height=300, startx=200, starty=100)
```

或

```
turtle.setup(400, 300, 200, 100)
```

表示设置宽 400 像素、高 300 像素的画布，其左上角距离屏幕左上角顶点的横向和纵向距离分别为 200 像素和 100 像素。

**2. 画笔的基本参数**

（1）turtle.pensize(width)：设置画笔的宽度，单位是像素。

(2) turtle.pencolor(color)：设置画笔颜色。如果没有参数传入，则返回当前画笔颜色。参数可以是字符串如 green、red，也可以是 RGB 三元组。

(3) turtle.penup()：抬起画笔，之后移动画笔不绘制图形。

(4) turtle.pendown()：落下画笔，之后移动画笔将绘制图形。

(5) turtle.speed(speed)：设置画笔移动速度。画笔移动的速度为[0,10]范围内的整数，speed 为正整数，实际速度为 1/speed 秒，speed=0 时速度最快。

**3. 画笔运动命令**

(1) turtle.forward(distance)：向当前画笔方向移动 distance 像素长度。

(2) turtle.backward(distance)：向当前画笔相反方向移动 distance 像素长度。

(3) turtle.right(degree)：顺时针移动 degree 角度。

(4) turtle.left(degree)：逆时针移动 degree 角度。

(5) turtle.goto($x$,$y$)：将画笔移动到坐标为($x$,$y$)的位置。

(6) turtle.circle()：画圆，半径为正(负)，表示圆心在画笔的左边(右边)画圆。

(7) turtle.setx()：将当前 $X$ 轴移动到指定位置。

(8) turtle.sety()：将当前 $Y$ 轴移动到指定位置。

(9) turtle.setheading(angle)：设置当前朝向为 angle 角度。

(10) turtle.home()：设置当前画笔位置为原点，朝向东。

(11) turtle.dot(r)：绘制一个指定直径和颜色的圆点。

**4. 画笔控制命令**

(1) turtle.fillcolor(colorstring)：绘制图形的填充颜色。

(2) turtle.color(color1, color2)：同时设置 pencolor=color1、fillcolor=color2。

(3) turtle.filling()：返回当前是否在填充状态。

(4) turtle.begin_fill()：准备开始填充图形。

(5) turtle.end_fill()：填充完成。

(6) turtle.hideturtle()：隐藏画笔的 turtle 形状。

(7) turtle.showturtle()：显示画笔的 turtle 形状。

**5. 其他命令**

(1) turtle.clear()：清空 turtle 窗口，但是 turtle 的位置和状态不会改变。

(2) turtle.reset()：清空窗口，重置 turtle 状态为起始状态。

(3) turtle.undo()：撤销上一个 turtle 动作。

(4) turtle.isvisible()：返回当前 turtle 是否可见。

(5) stamp()：复制当前图形。

(6) turtle.write(s [,font=("font-name",font_size,"font_type")])：写文本，s 为文本内容，font 是字体的参数，font-name、font_size 和 font_type 分别为字体名称、大小和类型。font 参数为可选项，font-name、font_size 和 font_type 也是可选项。

(7) turtle.mainloop()或 turtle.done()：启动事件循环，调用 turtle 库的 mainloop 函数，必须是图形程序中的最后一个语句。

(8) turtle.mode(mode=None)：设置画笔模式为 standard、logo 或 world，并执行重置。如果没有给出模式，则返回当前模式。其中，standard 表示向右（东）或逆时针，logo 表示向上（北）或顺时针。

(9) turtle.delay(delay=None)：设置或返回以毫秒为单位的绘图延迟。

(10) turtle.begin_poly()：开始记录多边形的顶点。当前的画笔位置是多边形的第一个顶点。

(11) turtle.end_poly()：停止记录多边形的顶点。当前的画笔位置是多边形的最后一个顶点，将与第一个顶点相连。

(12) turtle.get_poly()：返回最后记录的多边形。

**【实验范例】**

**例 5.1** 绘制正方形，边长为 100 像素，画笔宽度为 6 像素，颜色为红色，如图 1-5-1 所示。

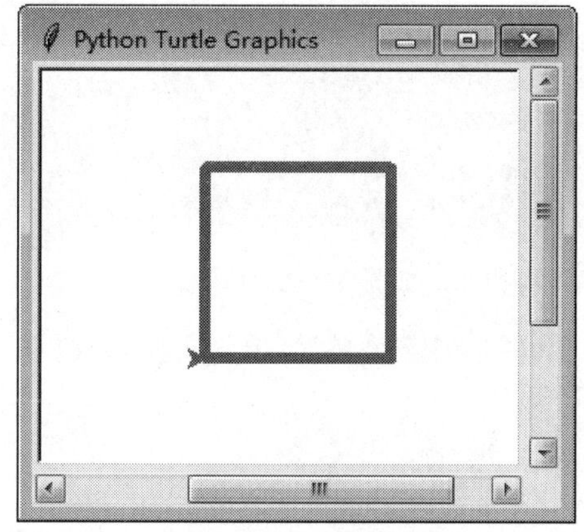


**图 1-5-1 正方形**

程序代码如下：

```
import turtle
turtle.color("red")
turtle.pensize(6)
for i in range(4):
    turtle.forward(100)
    turtle.left(90)
```

**例 5.2** 绘制 4 个圆形螺旋，颜色分别为红、绿、黄、蓝，如图 1-5-2 所示。

程序代码如下：

```
import turtle
turtle.color("red")
turtle.pensize(2)
turtle.speed(0)
```

图 1-5-2　4 个圆形螺旋

```
colors=['red','green','yellow','blue']
for i in range(100):
    turtle.pencolor(colors[i%4])
    turtle.circle(i)
    turtle.left(91)
```

**例 5.3**　同时绘制两个六边形，如图 1-5-3 所示。

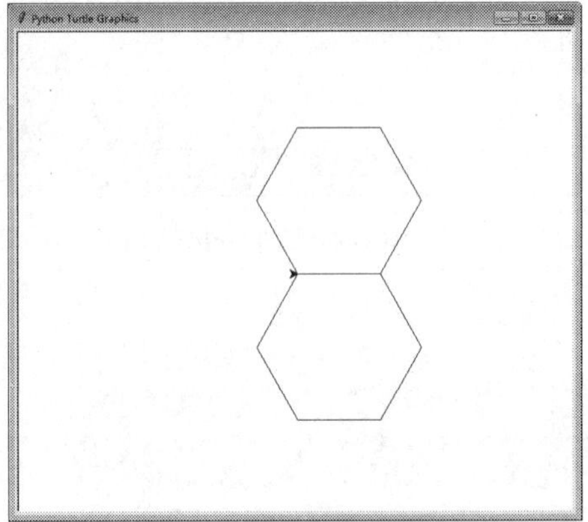

图 1-5-3　两个六边形

程序代码如下：

```
import turtle
t1=turtle.Pen()
t2=turtle.Pen()
for i in range(6):
    t1.forward(100)
    t2.forward(100)
    t1.left(60)
    t2.right(60)
```

**例 5.4**　绘制组合三角形，如图 1-5-4 所示。

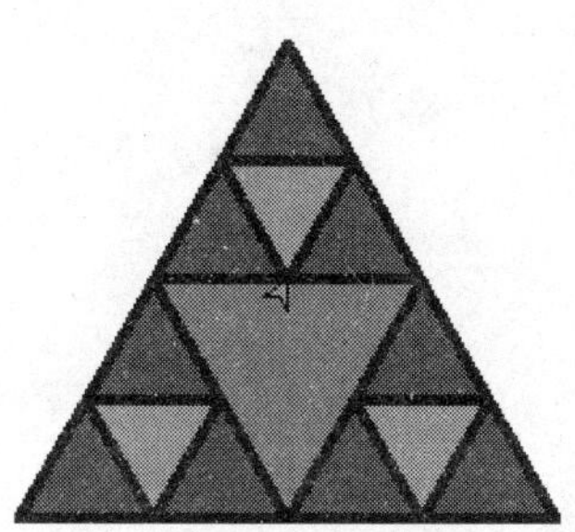

图 1-5-4　组合三角形

程序代码如下：

```
from turtle import *
d=200
d1=d/2
d2=d/4
pensize(4)
color('black','blue')
begin_fill()
for i in range(3):
    forward(d)
    left(120)
end_fill()
up()
seth(0)
forward(d1)
down()
left(60)
color('black','green')
begin_fill()
for i in range(3):
    forward(d1)
    left(120)
end_fill()
up()
seth(0)
forward(d2)
down()
left(60)
color('black','red')
begin_fill()
for i in range(3):
    forward(d2)
    left(120)
end_fill()
up()
seth(0)
```

```
backward(d1)
down()
seth(0)
left(60)
color('black','red')
begin_fill()
for i in range(3):
    forward(d2)
    left(120)
end_fill()
up()
seth(60)
forward(d1)
down()
seth(0)
left(60)
color('black','red')
begin_fill()
for i in range(3):
    forward(d2)
    left(120)
end_fill()
```

**例 5.5** 绘制方形螺旋,如图 1-5-5 所示。

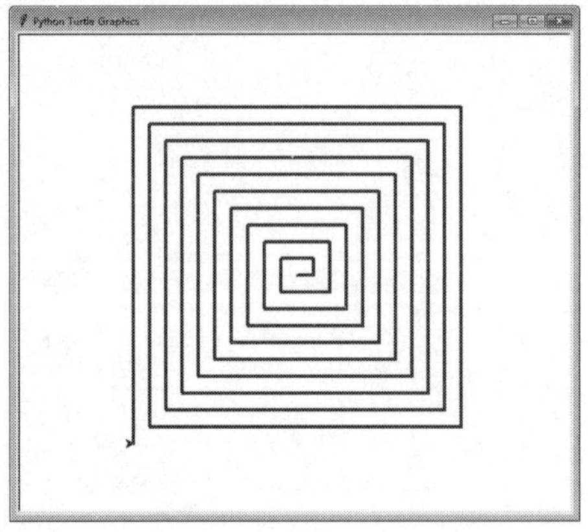

图 1-5-5 方形螺旋

程序代码如下:

```
from turtle import *
d=20
w=20
pensize(4)
color('blue')
for i in range(20):
    forward(d)
    left(90)
    forward(d)
```

```
    left(90)
    d=d+w
```

**例 5.6**　绘制圆形螺旋，如图 1-5-6 所示。

图 1-5-6　圆形螺旋

程序代码如下：

```
from turtle import *
color('red')
R=10
pensize(4)
for i  in range(20):
    circle(R,180)
    R=R+10
hideturtle()
```

**例 5.7**　绘制正弦曲线，如图 1-5-7 所示。

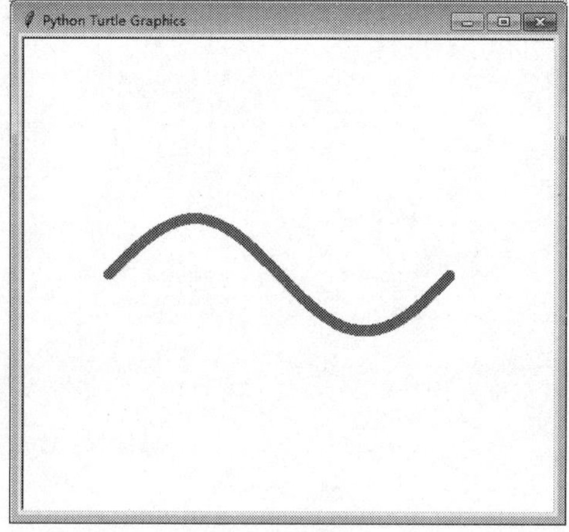

图 1-5-7　正弦曲线

程序代码如下：

```
from turtle import *
from math import *
setup(800,600)
penup()
goto(-300,0)
pendown()
i=0
pensize(10)
pencolor('red')
while i <=6.28:
    f=sin(i)
    i+=0.01
    goto(i*50-300,f*50)
hideturtle()
```

**例 5.8** 书写文字，如图 1-5-8 所示。

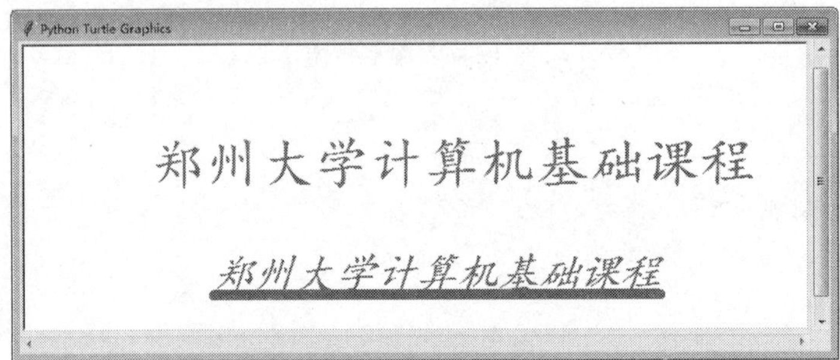


**图 1-5-8 书写文字**

程序代码如下：

```
from turtle import *
pensize(4)
setup(800,300)
penup()
goto(-200,-100)
pendown()
pensize(10)
pencolor('red')
write('郑州大学计算机基础课程',move=True,font=('楷体',30,'italic'))
penup()
goto(-260,0)
write('郑州大学计算机基础课程',font=('楷体',40))
hideturtle()
```

**【实验任务】**

(1) 绘制如图 1-5-9 所示图形，最小的三角形边长 20 像素。

(2) 绘制如图 1-5-10 所示图形，小三角形边长 20 像素。

图 1-5-9　实验任务 1

图 1-5-10　实验任务 2

**【拓展训练】**

(1) 绘制国际象棋棋盘，每个格子边长 40 像素。

(2) 绘制运动场及跑道，尺寸自定。

(3) 绘制星空图，要求有圆月，星星为 20 个小五角星，随机分布。

# 实验 6

# 序列、集合、字典和 Jieba 库

【实验目的】

(1) 掌握序列(列表、元组)的基本操作。

(2) 掌握集合、字典的基本操作。

(3) 掌握 jieba 库的使用方法。

【相关知识】

**1. 序列**

Python 的序列包括字符串、列表(list)和元组(tuple)。

列表元素使用中括号[]括起。列表是可修改的序列,其长度和内容都可变,可进行插、删、改操作,元组元素使用括号()括起,是只读序列。

序列元素可通过索引访问,第一个元素的索引为 0,第二个元素的索引为 1,依此类推,也可反向访问,反向的索引序号为负数,如最后一个元素的索引为 −1,倒数第二个元素的索引为 −2。序列的索引示意,如表 1-6-1 所示。

**表 1-6-1　序列的索引示意**

| 正向索引 | 0 | 1 | 2 | 3 |
|---|---|---|---|---|
| **season** | 春 | 夏 | 秋 | 冬 |
| **反向索引** | −4 | −3 | −2 | −1 |

序列操作符及应用如表 1-6-2 所示。

**表 1-6-2　序列操作符及应用**

| 操作符及应用 | 描　述 |
|---|---|
| $x$ in $s$ | 如果 $x$ 是序列 $s$ 的元素,则返回 True,否则返回 False |
| $x$ not in $s$ | 如果 $x$ 是序列 $s$ 的元素,则返回 False,否则返回 True |
| $s+t$ | 连接两个序列 $s$ 和 $t$ |
| $s*n$ 或 $n*s$ | 将序列 $s$ 复制 $n$ 次 |
| $s[i]$ | 索引,返回 $s$ 中的第 $i$ 个元素,$i$ 是序列的序号 |
| $s[i:j]$或 $s[i:j:k]$ | 切片,返回序列 $s$ 中第 $i$~$j$ 以 $k$ 为步长的元素子序列 |

Python提供了独特的切片操作。切片指表1-6-2中最后一项，语法格式如下：

```
序列名[start: stop: step]
```

(1) start和stop都是可选的，如果没有提供或者用None作为索引值，start默认从序列的开始处开始，stop默认在序列的末尾结束。

(2) start(开始索引)：第一个索引的值是0，最后一个索引的值是−1。

(3) stop(结束索引)：切片操作符将取到该索引为止，但不包含该索引的值。

(4) step(步长)：默认是1，即逐个切取。如果为2，则表示隔1取1。步长为正数时，表示从左向右取；步长为负数时，表示从右向左取，如−1表示从最后一位开始取。步长不能为0。

序列的操作函数和方法如表1-6-3所示。

**表1-6-3　序列的操作函数和方法**

| 函数和方法 | 描　述 |
| --- | --- |
| del(*s*)或 del *s* | 删除序列 *s* |
| len(*s*) | 返回序列 *s* 的长度 |
| min(*s*) | 返回序列 *s* 的最小元素，*s* 中的元素需要可比较 |
| max(*s*) | 返回序列 *s* 的最大元素，*s* 中的元素需要可比较 |
| *s*.index(*x*)或<br>*s*.index(*x*, *i*, *j*) | 返回序列 *s* 从 *i* 开始到 *j* 位置中第一次出现元素 *x* 的位置 |
| *s*.count(*x*) | 返回序列 *s* 中出现 *x* 的总次数 |

其中，列表的操作符和方法如表1-6-4所示。

**表1-6-4　列表的操作符和方法**

| 函数和方法 | 描　述 |
| --- | --- |
| *s*.append(obj) | 在列表 *s* 末尾添加新的对象 obj |
| *s*.clear() | 删除 *s* 中所有元素 |
| *s*.extend(t) | 在列表 *s* 末尾一次性追加另一个序列 *t* 中的多个值(用新列表扩展原来的列表)，也可写为 *s*=*s*+*t* 或 *s*+=*t* |
| *s*.insert(index, obj) | 将对象 obj 插入列表 *s* 的第 index 元素所在处 |
| *s*.pop(−1) | 移除列表 *s* 中的一个元素(默认为最后一个元素)，并且返回该元素的值 |
| *s*.remove(obj) | 移除列表 *s* 中某个值的第一个匹配项 |
| *s*.reverse() | 将列表 *s* 中的元素反转 |
| *s*.sort([func]) | 对原列表进行排序，可以指定排序函数 func |

元组类型用于表达固定项，如多变量循环遍历、函数的多个返回值。

**2. 集合**

集合(set)是一个无序的不重复元素数据集。可以使用一对大括号({})或者 set()

函数创建集合，集合元素必须是固定数据类型（如整型、浮点型、字符串或元组等），列表、字典、集合本身都是可变数据类型，不能作为集合的元素。

创建一个空集合必须用 set() 而不能用大括号，因为大括号用来创建一个空字典。

生成集合的语法格式如下：

```
集合名={value01,value02,…}
```

集合不包含重复元素，可用于删除重复元素。

**3. 字典**

在字典中，可以根据键查找到对应的值，字典的键值不能重复。字典的键和值可以是任意数据类型，包括程序的自定义类型。

建立字典的语法格式如下：

```
d ={key1:value1, key2:value2,…,keyn:valuen }
```

每个键值对之间用逗号分开，键值对内部的键和值用冒号分开。整个字典用大括号括起，可以把字典看作键值对的集合。

字典的访问格式如下：

```
值 =字典变量[键]
```

**4. 词频统计基本知识**

词频分析就是对某一个或某一些给定的词语在某文件中出现的次数进行统计分析。通过词频分析，可以判断文章覆盖的知识领域、作者的表达习惯、文章风格、文章的着重点等。

jieba 利用一个中文词库确定汉字之间的关联概率，汉字间关联概率大的组成词组，形成分词结果。

中文词频分析的基本原理是利用 jieba 库对文章进行分析，统计每个词出现的次数，建立词和出现次数的字典，然后按出现的次数从高到低排序，最后根据出现频率高的词来对文章进行分析。

**【实验范例】**

**例 6.1** 列表实例。编写一个函数，生成随机密码，要求：

(1) 密码长度不小于 8 位，不大于 16 位。

(2) 字符包括大小写字母和数字。

```
def passwordstr():
    import random
    #产生数字字符的 ASCII 码列表
    numbers=list(range(48,58))                  #48 是字符'0'的 ASCII 码
    #产生小写字符的 ASCII 码列表
    letters_low=list(range(65,65+26))           #65 是字符'A'的 ASCII 码
    #产生大写字符的 ASCII 码列表
```

```
    letters_upper=list(range(97,97+26))          #97 是字符'a'的 ASCII 码
    digits=random.randint(8,16)                  #随机产生密码的位数

    print("位数: "+str(digits))
    s=''
    s1=0                                         #保存随机的 ASCII 码
    for i in range(1,digits+1):
        type=random.randint(1,4)
        if(type==1):
            s1=numbers[random.randint(0,9)]
        elif (type==2):
            s1=letters_low[random.randint(0,25)]
        elif (type==3):
            s1=letters_upper[random.randint(0,25)]
        #print("ascii:"+str(s1))
        s=s+chr(s1)
    print(s)
```

**例 6.2**　集合实例。删除例 6.1 中生成的密码字符串中的重复字符，不改变原来的字符串顺序。

```
psStr=passwordstr()
print(psStr)
L1=list(psStr)                               #转换为列表
L2=list(set(L1))                             #使用集合去重之后重新生成列表
L2.sort(key=L1.index)                        #按照原来的字符串顺序排序
a=''.join(L2)
print(a)
```

**例 6.3**　字典实例。输入一段中英文字符串，统计每个字符出现的次数。

```
dict={}
name =input()                                #输入英文字符串
for letter in name:
    dict[letter]=dict.get(letter,0)+1
for i in dict:
    print("{0}({1}),".format(i,dict.get(i)),end='')
```

**【实验任务】**

(1) 数字重复统计：

① 随机生成 1000 个整数。

② 数字的范围[20，100]。

③ 升序输出所有不同的数字及每个数字重复的次数。

(2) 假设产品列表如下：

```
products =[['华为 P30',6688],['wine', 1488],
['Book',80], ['Shoes', 799],[ 'MateBook',5800]]
```

① 打印出商品列表。

② 结合 while 循环,用户可以输入编号 1～5 将产品添加到购物车 cart 中。如果用户输入的编号已在 cart 中,则提示用户已添加到购物车;如果用户输入的编号不是 1～5,提示用户商品不存在;如果用户输入非数字字符,则结束循环,打印出购物车 cart 中的商品。

(3) 输入一段英文字符串,将其按照手机上的 9 键输入规则转换为相对应的数字,即 abc→2、def→3、ghi→4、jkl→5、mno→6、pqrs→7、tuv→8、wxyz→9。

例如 wang 转换为 9264。

(4) 统计《水浒传》中出场最多的 20 个人物。

# 实验7

# 函数和异常处理：递归函数的定义和调用

**【实验目的】**

掌握递归函数定义和调用的基本方法。

**【相关知识】**

**1. 函数的定义**

Python 要求程序中用到的所有函数必须先定义、后使用。需要事先按规范对函数进行定义，指定函数名字、函数返回值类型、函数实现的功能，以及参数的个数与类型。这样，在程序执行自定义函数时，就会按照定义时所指定的功能执行。

定义函数应包括以下几项内容。

(1) 函数的名字，以便以后按名调用。

(2) 函数的返回值，即函数返回值的类型。

(3) 函数的参数，以便在调用函数时向它们传递数据。无参数函数则不需要这一项。

(4) 函数应当完成什么操作，即函数的功能。

Python 使用 def 保留字定义一个函数，语法格式如下：

```
def <函数名>(<参数列表>):
    <函数体>
    return <返回值列表>
```

函数名可以是任何有效的 Python 标识符；参数列表是调用该函数时传递给它的值，可以有零个、一个或多个，传递多个参数时各参数由逗号分隔，没有参数时也要保留括号。函数定义中，参数列表里面的参数是形式参数，简称形参，函数体是函数每次被调用时执行的代码，由一行或多行语句组成。当需要返回值时，使用保留字 return 和返回值列表，否则函数可以没有 return 语句，在函数体结束位置将控制权返回给调用者。

函数调用和执行的一般形式如下：

```
<函数名>(<参数列表>)
```

参数列表中给出要传到函数内部的参数，称为实际参数，简称实参。

**2. 函数的调用过程**

程序调用一个函数的过程如下。

(1) 程序在函数调用处暂停执行。

(2) 调用函数时将函数实参赋值给函数的形参。

(3) 执行函数体语句。

(4) 函数调用结束给出返回值，程序回到函数调用前的暂停处继续执行。

**3. 函数的参数传递**

调用带参数的函数时，调用函数与被调用函数之间将有数据传递。形参是函数定义时由用户定义的形式上的参数，实参是函数调用时，调用函数为被调用函数提供的原始数据。

(1) 参数传递方式。Python中的变量是一个对象的引用，变量与变量之间的赋值是对同一个对象的引用，当给变量重新赋值时，则这个变量指向一个新分配的对象。这与其他程序设计语言(如C语言)的变量存在差别。Python中的变量指向一个对象或者一段内存空间，这段内存空间的内容是可以修改的(这也是对列表或者字典的某一元素进行修改并不改变字典或列表的ID号的原因)，但内存的起始地址是不能改变的，变量之间的赋值相当于两个变量指向同一块内存区域，在Python中就相当于同一个对象。

接下来分析函数中的参数传递问题。在Python中，实参向形参传送数据的方式是值传递，即实参的值传给形参，是一种单向传递方式，不能由形参传给实参。在函数执行过程中，形参可能被改变，但这种改变对它所对应的实参没有影响。由于Python中函数的参数传递是值传递，所以也存在局部和全局的问题，这和C语言中的函数也有一定的相似性。

参数传递过程中存在以下两个规则。

① 通过引用将实参赋值到局部作用域的函数中，说明形参与传递给函数的实参无关，而且在函数中修改局部对象不会改变原始的实参数据。

② 可以在适当位置修改可变对象。可变对象主要是列表和字典，适当位置是指列表或字典的元素的修改不会改变其ID的位置。

(2) 参数的类型。可以通过使用不同的参数类型来调用函数，包括位置参数、关键字参数、默认值参数和可变长度参数。

① 位置参数。函数调用时的参数一般采用按位置匹配的方式，即实参按顺序传递给相应位置的形参，两者的数目和顺序必须完全一致。

② 关键字参数。关键字参数的形式如下：

```
形参名=实参值
```

在函数调用中使用关键字参数是通过形参的名称来表明为哪个形参传递什么值，可以跳过某些参数或脱离参数的循序。

③ 默认值参数。默认值参数是在定义函数时就设定参数的数值，调用该函数时，如

果不提供参数的值，则取默认值。

**注意**：默认值参数必须从形参表的最右端开始设置，即第一个形参使用默认值后，其后面的所有形参也必须使用默认值，否则会出错。

④ 可变长度参数。在程序设计过程中，可能会遇到函数的参数个数不固定的情况，这时就需要用到可变长度的参数来实现预定功能。Python 中有两种可变长度的参数，分别是元组(非关键字参数)和字典(关键字参数)。

**4. 匿名函数**

匿名函数是指没有函数名的简单函数，只可以包含一个表达式，不能包含其他复杂的语句，表达式的结果就是函数的返回值。

(1) 定义。在 Python 中，可以使用 lambda 关键字在同一行内定义函数，因为不用指定函数名，所以这个函数被称为匿名函数，也称为 lambde 函数，其定义格式如下：

```
lambde [参数 1[, [参数 2,… ,参数 n]]]: 表达式
```

关键字 lambda 表示匿名函数，冒号前面是函数的参数，函数可以有多个参数，但只能有一个返回值，即表达式的结果。匿名函数不能包含语句或多个表达式，也不用写 return 语句。例如：

```
lambda a,b: a+b
```

该语句定义一个函数，参数是 a 和 b，函数的返回值为表达式 a+b 的值，使用匿名函数的好处是不必担心函数名冲突，因为该函数没有名字。

(2) 调用。调用匿名函数时，可以把匿名函数的值赋给一个变量，再利用变量调用该函数，例如：

```
F=lambda a,b:a+b
print(F(1,2))
3
```

**5. 递归函数**

递归是指连续执行某一个函数时，该函数中的某一步要用到它自身的上一步或上几步的结果。在一个程序中，若存在程序自己调用自己的现象就构成了递归。递归是一种常用的程序设计方法。在实际应用中，许多问题的求解方法具有递归特征，利用递归描述去求解复杂的算法，思路清晰、代码简洁、结构紧凑，但由于每一次递归调用都需要保存相关的参数和变量，因此会占有内存，并降低程序的执行速度。

Python 允许使用递归函数，递归函数是指一个函数的函数体中又直接或间接地调用该函数本身的函数。如果函数 a 中又调用函数 a 自己，则称函数 a 为直接递归。如果函数 a 中先调用函数 b，函数 b 调用函数 a，则称函数 a 为间接递归。程序设计中常用的是直接递归。

**【实验范例】**

**例 7.1** 计算两个数的最大公约数。

程序代码如下：

```
def F(a,b):
    if a>b:
        g=b
    else:
        g=a
    for i in range(1,g+1):
        if ((a%i==0) and (b%i==0)):
            g=i
    return g
print(F(36,60))
```

程序运行结果如下：

```
12
```

**例 7.2** 求斐波那契数列。

程序代码如下：

```
def F(s):
    if s==1 or s==2:
        return 1
    else:
        return F(s-1)+F(s-2)
for i in range(10):
    s=F(i+1)
    print(i+1,':",s)
```

**例 7.3** 求 $n!$。

程序代码如下：

```
def A(n):
    if n==0:
        return 1
    else:
        return n * A(n-1)
s=A(5)
print(s)
```

**例 7.4** 绘制科赫曲线。

程序代码如下：

```
from turtle import *
def Kh(size,n):
    if n==0:
        fd(size)
    else:
        for a in [0,60,-120,60]:
            left(a)
            Kh(size/3,n-1)
def main():
```

```
    setup(800,400)
    penup()
    goto(-300,-50)
    pendown()
    pensize(2)
    Kh(600,5)
main()
```

**例 7.5**　猴子吃桃问题。第1天，猴子吃掉一半桃子又多吃一个，第2天早上又将剩下的桃子吃掉一半并多吃一个，以后每天早上吃前一天剩下的一半又多一个。第10天早上，发现只剩下一个桃子了。问一共有多少个桃子？

程序代码如下：

```
def F(s):
    if s==1:
        return 1
    else:
        return (F(s-1)+1)*2
for i in range(10):
    s=F(i+1)
print(10-i,'=',s)
```

**例 7.6**　输入一个数，求这个数的各位数字之和。

程序代码如下：

```
N=0
def F(s):
    global N
    if s<10:
        return s
    else:
        while(s>0):
            s1=s%10
            s=s//10
            N+=F(s1)
        return N

c=F(12345)
print(c)
```

**【实验任务】**

买水问题：1元钱可以买1瓶水，2空瓶可以换1瓶水，3瓶盖可以换1瓶水，计算20元钱能买多少瓶水？

程序代码如下：

```
W=20                #全部的水
def F(nW, nP, nG):  #新的水、新的瓶、新的盖
```

```
    global W,P,G
    P=nP+nW
    G=nG+nW
    nW=(P//2+G//3)
    W=W+nW
    P=P%2
    G=G%3
    print(nW,P,G)
    if (nP <2 and nG <3 and nW<1):
        return
    else:
        F(nW, P, G)
F(W,0,0)
print(W)
```

程序运行结果如下：

```
113
```

**【拓展训练】**

训练要求：编程解决汉诺塔问题。移动规则为每次只能移动一片圆盘，直径小的圆盘必须摆放在直径大的圆盘之上。

**提示**：当 $n=1$ 时，$a$ 柱子只有一个圆盘，直接移至 $c$ 柱。

当 $n>1$ 时，根据规则，将 $a$ 柱子上 $n-1$ 个圆盘移动到 $b$ 柱子上，然后将 $a$ 柱子上剩下的一个圆盘移动到 $c$ 柱子上，接着再把 $b$ 柱子上暂时放着的 $n-1$ 个圆盘移动到 $c$ 柱子上。

取 $n=10$，程序代码如下：

```
N=0
def Hanoi(n, a, b, c):
    if (n ==1):
        Move(a, c)
    else:
        Hanoi(n-1, a, c, b)         #将 a 柱子上 n-1 个圆盘移动到 b 柱子上
        Move(a, c)                  #将 a 柱子上剩下的一个圆盘移动到 c 柱子上
        Hanoi(n-1, b, a, c)         #再把 b 柱子上暂时放着的 n-1 个圆盘移动到 c 柱子上
def Move(a, b):
    global N
    N+=1
    print("Move %d disk: %c ---------->%c"%(N,a, b))
Hanoi(10,'A','B','C')
print(N)
```

程序运行结果略，执行 1023 次。

# 实验8 可视化界面设计：基本界面设计

**【实验目的】**

掌握 tkinter 库中控件的使用。

**【相关知识】**

Python 的可视化界面包括一个主窗口，主窗口中又包含各种控件，通过 tkinter 图形库实现。如果使用 tkinter，仅仅导入一个模块即可。引用 tkinter 库的代码如下：

```
import tkinter                         #以后调用函数需要加上模块名作为前缀
```

或者使用更常用的 tkinter 库引用代码：

```
from tkinter import *
```

### 1. 创建主窗口

主窗口是可视化界面的顶层窗口，也是控件的容器。一个可视化界面必须且只能有一个主窗口，并且要优先于其他对象创建，其他对象都是主窗口的子对象。

主窗口的属性包括标题、宽度、高度、背景色和方法等。例如：

```
from tkinter import *
w=Tk()
w.title('这是主窗体')                           #标题
w['width']=500                                  #宽度
w['height']=200                                 #高度
w['bg']='green'                                 #背景色
w.resizable(width=True,height=False)            #宽度和高度是否可调
```

也可以通过调用主窗口对象的 geometry()方法来设置窗口的大小和位置，代码如下：

```
w.geometry("宽度 x 高度±x±y")
```

其中,"宽度 x 高度"表示主窗口的宽度和高度,+x 表示主窗口左边距离屏幕左边的距离,-x 表示主窗口右边距离屏幕右边的距离,+y 表示主窗口上边距离屏幕上边的距离,-y 表示主窗口下边距离屏幕下边的距离。例如:

```
w.geometry("300x150-200+60")
```

主窗口显示后,需要调用主窗口的 mainloop 方法,等待处理各种控件,直到关闭主窗口。

**2. 标签控件**

标签控件用来显示文字或图片。

tkinter 模块定义了 Label 类来创建标签控件。创建标签时需要指定其父控件和文本内容,前者由 Label 构造函数的第一个参数指定,后者由属性 text 指定。例如:

```
L1=Label(w,text="这是标签控件")
```

该语句创建了一个标签控件对象,但该控件在窗口中仍然不可见。为了使控件在窗口中可见,需要调用方法 pack 来设置这个标签的位置。即 L1.pack()。

标签控件除了 text 属性之外,还有 font 属性,用于指定文本格式,包括字体、字号和字形。其中,字体包括 Arial、Verdana、Helvetica、Times New Roman、Courie New、Comic Sans MS、宋体、楷体、仿宋、隶书等,字号以磅为单位,字形包括 normal、bold、roman、italic、underline 和 overstrike 等。例如:

```
Label(w,text="这是标签控件",font=(' Times New Roman ','20','mormal').pack()
```

以下语句为标签设置了更多的其他属性:

```
Label(w,text="AA",bg="green",fg="yellow",width=80).pack()
```

语句中的属性 bg (或 background)、fg (或 foreground)和 width 分别表示标签文本的背景颜色、文本颜色和标签的宽度。

**3. 显示图片**

示例代码如下:

```
from tkinter import *
w =Tk()
w.title("这是图片标签 Label")
w.geometry("700x260+500+300")
gif =PhotoImage(file="D:/jpg/test.gif")
L1 =Label(w, image=gif).pack(side="right")
T1 ='\
郑州大学(Zhengzhou University), 简称“郑大”,\n\
位于郑州市,是中华人民共和国教育部与河南\n\
省人民政府“部省合作共建高校”,是世界一流大\n\
学、“211 工程”、“一省一校”重点建设高校。'
L2 =Label(w, justify=LEFT,padx =20,text=T1,font=(10)).pack(side="left")
w.mainloop()
```

**4. 按钮控件**

按钮控件(Button)是一个标准的 tkinter 的部件，用于实现各种按钮。按钮可以包含文本或图像，可以调用 Python 函数或方法用于每个按钮。tkinter 的按钮被按下时，会自动调用该函数或方法。按钮文本可跨越一行以上。此外，文本字符可以有下画线，例如标记的键盘快捷键。默认情况下，使用 Tab 键可以移动到一个按钮部件。常用的属性如下。

(1) text：显示文本内容。

(2) command：指定 Button 的事件处理函数。

(3) compound：同一个 Button 既显示文本又显示图片，可用此参数将其混叠起来。例如：

```
compound="bottom"          #图像居下
compound="center"          #文字覆盖在图片上
```

(4) bitmap：指定位图，例如：

```
bitmap=BitmapImage(file =filepath)
```

(5) image：Button 不仅可以显示文字，也可以显示图片，目前仅支持 GIF、PGM、PPM 格式的图片。例如：

```
image=PhotoImage(file='../xxx/xxx.gif')
```

(6) focus_set：设置当前组件得到的焦点。

(7) master：代表父窗口。

(8) bg：背景色，如 bg='red'和 bg='#FF56EF'。

(9) fg：前景色，如 fg='red'和 fg='#FF56EF'。

(10) font：字体及大小，如 font=('Arial', 8)和 font=('Helvetica 16 bold italic')。

(11) height：设置显示高度，如果未设置此项，其大小将适应内容标签。

(12) relief：指定外观装饰边界附近的标签，默认是平的，可以设置的参数有 flat、groove、raised、ridge、solid 和 sunken。

(13) width：设置显示宽度，如果未设置此项，其大小将适应内容标签。

(14) wraplength：设置每行所需的字符数，默认为 0。

(15) state：设置组件状态，正常(normal)、激活(active)和禁用(disabled)。

(16) anchor：设置 Button 文本在控件上的显示位置，可用值包括 n(north)、s(south)、w(west)、e(east)和 ne、nw、se 和 sw。

(17) textvariable：设置 Button 的 textvariable 属性。

(18) bd：设置 Button 的边框大小，默认为 1 或 2 个像素。

**5. 复选框控件**

Python tkinter 中，用复选框控件(Checkbutton)提供一些选项供用户进行选择，可以选择多个选项。例如，购物的种类可以用复选框实现。复选框的标题前面有个小正方形的方框，未选中时，方框内为空白，选中时在小方框中打勾(√)，再次选择一个已打勾的复选框将取消选择。对复选框的操作一般是用鼠标单击小方框或标题。

**6. 单选按钮控件**

单选按钮控件(Radiobutton)也是可视化用户界面设计中使用较多的控件。复选框和单选按钮都是用来提供一些选项供用户选择，这些选项有选中或未选中两种状态。两者的区别是，复选框主要适合多选多的情况。单选按钮适合多选一的情况。同组的单选按钮在任意时刻只能有一个被选中，每当换选其他单选按钮时，原先选中的单选按钮即被取消。例如，选择学生的性别就适合用单选按钮。

在实际应用中，一般是将若干个相关的单选按钮组合成一个组，使每次只能有一个单选按钮被选中。可以先创建一个 IntVar 或 StringVar 类型的控制变量，然后将同组的每个单选按钮的 variable 属性都设置成该控制变量。由于多个单选按钮共享一个控制变量，而控制变量每次只能取一个值，所以选中一个单选按钮就会导致取消选中另一个。

为了在程序中获取当前被选中的单选按钮的信息，可以为同组的每个单选按钮设置 value 属性值，当选中一个单选按钮时，控制变量即被设置为它的 value 值，程序中即可通过控制变量的当前值判断哪个单选按钮被选中了。注意，value 属性的值应当与控制变量的类型匹配，如果控制变量是 IntVar 类型，则应为每个单选按钮赋予不同的整数值；如果控制变量是 StringVar 类型，则应为每个单选按钮赋予不同的字符串值。

**7. 列表框控件**

列表框控件(Listbox)包含一个或多个选项供用户选择，可以使用 Listbox 类的 insert 方法向列表框中添加选项，有检索和删除功能。

**8. 滚动条控件**

滚动条控件(Scrollbar)可以单独使用，但常与列表框、文本框等控件配合使用。

**9. 可选项控件**

可选项控件(OptionMenu)提供一个选项列表，平时是收拢状态，单击可以将选项展开。可选项控件通过 OptionMenu 类创建，需要设定两个必要的参数：一个是与当前值绑定的变量(StringVar)，另一个是提供可选项的列表。

**10. 刻度条控件**

刻度条控件(Scale)通过移动滑块，在指定的范围内选择数值。刻度条控件通过 Scale 类创建，可以指定最大值、最小值和移动步长，也可以和变量绑定。

**11. 单行文本框控件**

单行文本框控件(Entry)只能输入单行文字，常用属性如下。

(1) master：代表了父窗口。

(2) bg：设置背景颜色，如 bg='red'。

(3) fg：设置前景颜色。

(4) font：设置字体大小，如 font=('Helvetica',10 'bold')。

(5) relief：指定外观装饰边界附近的标签，默认是平的，可以设置的参数有 flat、groove、raised、ridge、solid、sunken，如 relief='groove'。

(6) bd：设置 Button 的边框大小默认为 1 或 2 个像素。

(7) textvariable：设置 Button 的 textvariable 属性。

**12. 多行文本框控件**

多行文本框控件(Text)可以输入多行文本，并对文本内容进行获取、删除、插入等操作，具体的方法如下：

```
get(index1,index2)                #获取指定范围的文本
delete(index1,index2)             #删除指定范围的文本
insert(index,text)                #在 index 位置插入文本
replace(index1,index2,text)       #替换指定范围的文本
```

**13. 菜单控件**

菜单控件(Menu)是 Python 常用的控件之一。菜单控件是一个由许多菜单项组成的列表，每一条命令或一个选项以菜单项的形式表示。用户通过鼠标或键盘选择菜单项，以执行命令或选中选项。菜单项通常以相邻的方式放置在一起，形成窗口的菜单栏，并且一般置于窗口顶端。除菜单栏里的菜单外，还有快捷菜单，即平时在界面中是不可见的，当用户在界面中右击时才会弹出一个与单击对象相关的菜单。有时，菜单中一个菜单项的作用是展开另一个菜单，形成级联式菜单。

tkinter 模块提供 Menu 类用于创建菜单控件，具体用法是先创建一个菜单控件对象，并与某个窗口(主窗口或者顶层窗口)进行关联，然后再为该菜单添加菜单项。与主窗口关联的菜单实际上构成了主窗口的菜单栏。菜单项可以是简单命令、级联式菜单、复选框或一组单选按钮，分别用 add_command()、add_ cascade()、add_checkbutton()和 add_radiobutton()方法添加。为了使菜单结构清晰，还可以用 add_separator()方法在菜单中添加分隔线。

**14. messagebox 控件**

messagebox 控件提供一系列用于显示信息或进行简单对话的消息框，通过 askyesno()、askquestion()、askyesnocancel()、askokcancel()、askretrycancel()、showerror()、showinfo()、showwarning()来创建。

**15. filedialog 控件**

filedialog 控件用来创建浏览、打开和保存文件的对话框，一般通过调用函数 askopenfilename()和 asksaveasfilename()来创建。

**16. colorchoose 控件**

colorchoose 控件用来创建选择颜色的对话框，一般通过调用函数 askcolor()来创建。

**17. pack 布局管理器**

pack 布局管理器将所有控件组织为一行或一列，默认根据控件创建的顺序将控件自上而下地添加到父控件中，可以用 side、fill、expand、ipadx/ipady、padx/pady 等属性对控件的布局进行控制。

(1) side 属性：改变控件的排列位置，LEFT 表示居左，RIGHT 表示居右。

(2) fill 属性：设置填充空间，取值为 $X$ 则在 $X$ 轴方向填充，取值为 $Y$ 则在 $Y$ 轴方向填充，取值为 BOTH 则在 $X$、$Y$ 轴两个方向上填充，取值为 NONE 则不填充。

(3) expand 属性：指定如何使用额外的“空白”空间，取值为 1 则随着父控件的大小变化而变化，取值为 0 则子控件大小不能扩展。

(4) ipadx/ipady 属性：设置控件内部在 $X/Y$ 轴方向的间隙。

(5) padx/pady 属性：设置控件外部在 $X/Y$ 轴方向的间隙。

**18. grid 布局管理器**

grid 布局管理器将窗口或框架视为一个由行和列构成的二维表格，并将控件放入行和列交叉处的单元格中。使用 grid 进行布局管理只需要创建控件，然后使用 grid()方法告诉布局管理器在合适的行和列去显示它们。不用事先指定每个网格的大小，布局管理器会自动根据里面的控件进行调整。

grid 布局管理用 grid()方法的选项 row、column 指定行、列编号。行、列都是从 0 开始编号，row 的默认值为当前的空行，column 的默认值总为 0。可以在布置控件时指定不连续的行号或列号，相对于预留了一些行或列，但这些预留的行或列是不可见的，因为行或列上没有控件存在，也就没有宽度和高度。

grid()方法的 sticky 选项用来改变对齐方式。tkinter 模块中常利用方位概念来指定对齐方式，具体方位值包括 N、S、E、W、CENTER，分别代表上、下、左、右、中心点；还可以取 NE、SE、NW、SW，分别代表右上角、右下角、左上角、左下角。将 sticky 选项设置为某个方位，就表示将控件沿单元格的某条边或某个角对齐。

如果控件比单元格小，未能填满单元格，则可以指定如何处理多余空间，比如在水平方向或垂直方向上拉伸控件以填满单元格。可以利用方位值的组合来延伸控件，例如，如果将 sticky 设置为 E＋W，则控件将在水平方向上延伸，占满单元格的宽度；如果将 sticky 设置为 E＋W＋N＋S(或 NW＋SE)，则控件将在水平和垂直两个方向上延伸，占满整个单元格。

如果想让一个控件占据多个单元格，可以使用 grid()方法的 rowspan 和 columnspan 选项来指定在行和列方向上的跨度。

**19. place 布局管理器**

place 布局管理器直接指定控件在父控件(窗口或框架)中的位置坐标。为使用这种布局，只需先创建控件，再调用控件的 place 方法，该方法的选项 $x$ 和 $y$ 用于设定坐标。父控件的坐标系以左上角为原点，$X$ 轴方向向右，$Y$ 轴方向向下。

由于$(x,y)$坐标确定的是一个点，而子控件可看成一个矩形，首先利用方位值指定子控件的基点，再利用 place()方法的 anchor 选项将子控件的基点定位于父控件的指定坐标处。可以实现一个或多个控件在父控件中的各种对齐方式。anchor 的默认值为 W，即控件的左上角，例如：

```
Label(w,text='111').place(x=0,y=0)              #标签置于主窗口的(0,0),基点为默认值
Label(w,text='222').place(x=199,y=199,anchor=SE)
                                                #标签置于主窗口的(199,199),基点为 SE
```

place 布局管理器既可以用绝对坐标指定位置，也可以用相对坐标指定位置，相对坐标通过选项 relx 和 rely 来设置，取值范围为 0～1，表示控件在父控件中的相对比例位置。例如，relx＝0.5 表示父控件在 $X$ 轴方向上的 1/2 处。相对坐标的好处是，当窗口改变大小时，控件位置可以随之调整，绝对坐标固定不变。例如：

```
Label(w,text='333').place(relx=0.2,rely=0.4,anchor=SW)
                                        #将标签布置于水平方向 1/5、垂直方向 2/5 处
```

除了指定控件位置外，place 布局管理器还可以指定控件大小。既可以通过选项 width 和 height 来定义控件的绝对尺寸，也可以通过选项 relwidth 和 relheight 来定义控件的相对尺寸，即控件在两个方向上的比例值。

place 是最灵活的布局管理器，但用起来比较麻烦，通常不适合对普通窗口和对话框进行布局，其主要用途是实现复合控件的定制布局。

**20. 事件处理程序**

用户通过键盘或鼠标与可视化界面中的控件交互操作时，会触发各种事件(event)。事件发生时，需要应用程序对其进行响应或进行处理。

(1) 事件的描述。tkinter 事件可以用特定形式的字符串描述，一般形式如下：

```
<修饰符>-<类型符>-<细节符>
```

其中，修饰符用于描述鼠标的单击、双击，以及键盘组合按键等情况；类型符指定事件类型，最常用的类型有分别表示鼠标事件和键盘事件的 Button 和 Key；细节符指定具体的鼠标键或键盘按键，如鼠标的左、中、右三个键分别用 1、2、3 表示，键盘按键用相应字符或按键名称表示。修饰符和细节符是可选的，而且事件经常可以使用简化形式。例如<Double-Button-1>描述符中，修饰符是 Double，类型符是 Button，细节符是 1，描述的事件就是双击鼠标左键。

① 常用鼠标事件。

- <ButtonPress-1>：单击鼠标左键，可简写为<Button-1>或<1>。类似的有<Button-2>或<2>(单击鼠标中键)和<Button-2>(单击鼠标右键)。
- <B1-Motion>：单击鼠标左键并移动鼠标。类似的有<B2-Motion>和<B3-Motion>。
- <Double-Button-1>：双击鼠标左键。
- <Enter>：鼠标指针进入控件。
- <Leave>：鼠标指针离开控件。

② 常用键盘事件。

- <KeyPress-a>：按 a 键，可简写为<Key-a>或 a(不用尖括号)。可显示字符，包括字母、数字和标点符号，但有两个例外：空格键对应的事件是<space>，小于号对应的事件是<less>。注意，不带尖括号的数字(如 1)表示键盘事件，而带尖括号的数字(如<1>)表示鼠标事件。
- <Return>：按回车键。不可显示字符都可像回车键这样用<键名>表示对应事件，如<Tab>、<Shift_L>、<Control_R>、<Up>、<Down>、<Fl>等。
- <Key>：按下任意键。
- <Shift-Up>：同时按下 Shift 键和↑键。类似的还有 Alt 键组合、Ctrl 键组合。

(2) 事件对象。每个事件都导致系统创建一个事件对象，并将该对象传递给事件处理函数。事件对象具有描述事件的属性，常用的属性如下。

- $x$ 和 $y$：鼠标单击位置相对于控件左上角的坐标，单位是像素。
- x_root 和 y_root：鼠标单击位置相对于屏幕左上角的坐标，单位是像素。
- num：单击的鼠标键号，1、2、3 分别表示左、中、右键。
- char：如果按下可显示字符键，此属性是该字符。如果按下不可显示键，此属性为空串。例如按下任意键都可触发<Key>事件，在事件处理函数中可以根据传递来的事件对象的 char 属性确定具体按下的是哪一个键。
- keysym：如果按下可显示字符键，此属性是该字符。如果按下不可显示键，此属性设置为该键的名称，例如回车键是 Return、插入键是 Insert、光标上移键是 Up。
- keycode：所按键的 ASCII 码。注意，此编码无法得到键盘上档字符的 ASCII 码。
- keysym_mun：keysym 的数值表示。对普通单字符键来说，就是 ASCII 码。

(3) 事件处理函数的一般形式。事件处理函数是触发了某个对象的事件时而调用执行的程序段，一般都带一个 event 类型的形参，触发事件调用事件处理函数时，将传递一个事件对象。事件处理函数的一般形式如下：

```
def 函数名(event):
    函数体
```

在函数体中，可以调用事件对象的属性。事件处理函数在应用程序中定义，但不由应用程序调用，而是由系统调用，所以一般称为回调函数。

**21. 事件绑定**

用户界面应用程序的核心是对各种事件的处理程序。应用程序一般在完成建立可视化界面工作后就进入一个事件循环，等待事件发生并触发相应的事件处理程序。事件与相应事件处理程序之间通过绑定建立关联。

(1) 事件绑定的方式。在 tkinter 模块中，有 4 种不同的事件绑定方式。

① 对象绑定。对象绑定是最常见的事件绑定方式。针对某个控件对象进行事件绑定称为对象绑定，也称为实例绑定。对象绑定只对该控件对象有效，对其他对象(即使是同类型的对象)无效。对象绑定通过调用控件 bind()方法实现，一般形式如下：

```
控件对象.bind(事件描述符,事件处理程序)
```

该语句的含义是，若控件对象发生了与事件描述符相匹配的事件，则调用事件处理程序。调用事件处理程序时，系统会传递一个 Event 类的对象作为实际参数，该对象描述了所发生事件的详细信息。

② 窗口绑定。窗口绑定是绑定的一种特例(窗口也是一种对象)，对窗口(主窗口或顶层窗口)中的所有控件对象有效，通过窗口的 bind()方法实现。

③ 类绑定。类绑定针对控件类，故对该类的所有对象有效，可通过任何控件对象的 bind_ class()方法实现，一般形式如下：

```
控件对象.bind_class(控件类描述符,事件描述符,事件处理程序)
```

④ 应用程序绑定。应用程序绑定对程序中的所有控件都有效，通过任意控件对象的

bind_all()方法实现，一般形式如下：

```
控件对象.bind_all(事件描述符,事件处理程序)
```

(2) 键盘事件与焦点。所谓焦点，就是当前正在操作的对象，例如，用鼠标单击某个对象，该对象就成为焦点。当用户按键盘中的键时，要求焦点在所期望的位置。图形用户界面中有唯一焦点，任何时刻都可以通过对象的 focus_set()方法来设置，也可以用键盘上的 Tab 键来移动焦点。因此，键盘事件处理比鼠标事件处理多了一个设置焦点的步骤。

**【实验范例】**

**例 8.1** 主窗体的设置，如图 1-8-1 所示。

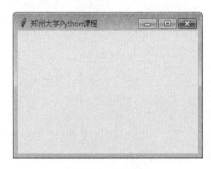

**图 1-8-1 主窗体**

程序代码如下：

```
from tkinter import *
root=Tk()
root.title('郑州大学 Python 课程')
root.geometry('300x200')
root.mainloop()
```

**例 8.2** 标签及常见属性的设置，如图 1-8-2 所示。

**图 1-8-2 标签属性的设置效果**

程序代码如下：

```
from tkinter import *
root=Tk()
lb=Label(root,text='郑州大学 Python 课程',\
        bg='yellow',fg='red',\
```

```
        font=('楷体',40),\
        width=20,height=3,relief=SUNKEN).pack()
root.mainloop()
```

**例 8.3** 用 pack()方法排列标签，设置凹陷边缘属性，如图 1-8-3 所示。

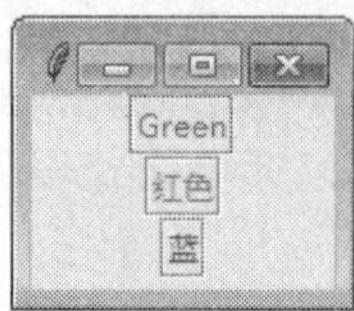


**图 1-8-3 pack()方法**

程序代码如下：

```
from tkinter import *
root=Tk()
lbgreen=Label(root,text='Green',fg='green',relief=GROOVE).pack()
lbred=Label(root,text='红色',fg='red',relief=GROOVE).pack()
lbblue=Label(root,text='蓝',fg='blue',relief=GROOVE).pack()
root.mainloop()
```

**例 8.4** 用 grig()方法排列标签，设置 3×4 的表格，如图 1-8-4 所示。

**图 1-8-4 grid()方法**

程序代码如下：

```
from tkinter import *
root=Tk()
lbgreen=Label(root,text='Green',fg='green',relief=GROOVE)
lbgreen.grid(column=2,row=0)
lbred=Label(root,text='红色',fg='red',relief=GROOVE)
lbred.grid(column=0,row=1)
lbblue=Label(root,text='蓝',fg='blue',relief=GROOVE)
lbblue.grid(column=1,row=2,columnspan=2,ipadx=20)
root.mainloop()
```

**例 8.5** 用 place()方法排列多行标签，如图 1-8-5 所示。

程序代码如下：

```
from tkinter import *
root=Tk()
root.geometry('300x200')
```

```
m1=Message(root,text='''
Python 是一种计算机程序设计语
言。是一种动态的、面向对象的
脚本语言,最初被设计用于编写
自动化脚本,随着版本的不断更
新和语言新功能的添加,越来越
多被用于独立的、大型项目的开
发。''',relief=GROOVE)
m1.place(relx=0.1,y=20,relheight=0.75,width=230)
root.mainloop()
```

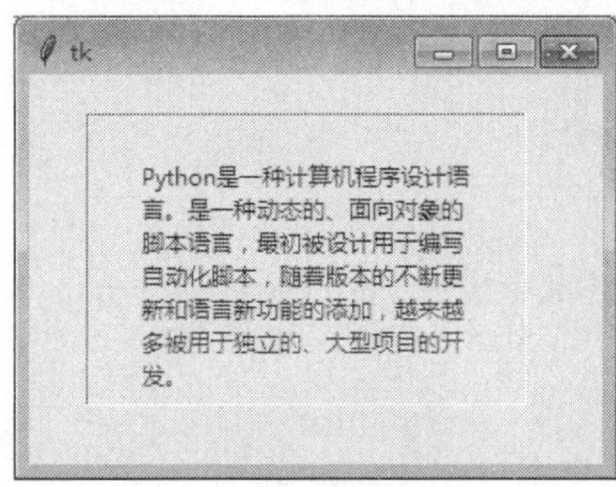


图 1-8-5　place()方法

**例 8.6**　制作电子时钟,如图 1-8-6 所示。

图 1-8-6　电子时钟

程序代码如下：

```
from tkinter import *
import time
def gettime():
    timestr=time.strftime('%H:%M:%S')
    lb.configure(text=timestr)
    root.after(1000,gettime)
root=Tk()
root.title('时钟')
lb=Label(root,text='',fg='green',font=('黑体',80))
lb.pack()
gettime()
root.mainloop()
```

**例 8.7**　使用按钮进行加减法计算,如图 1-8-7 所示。

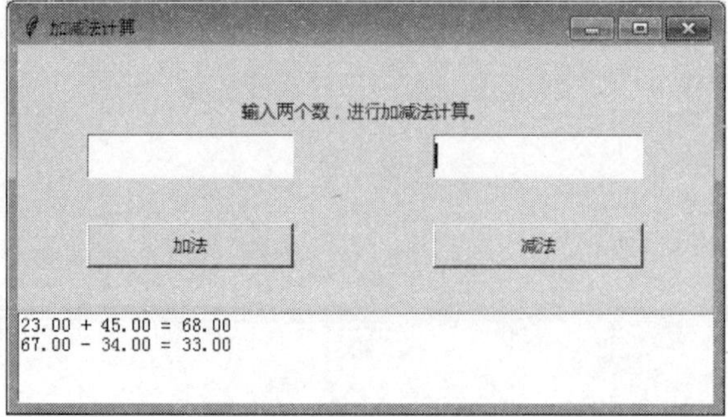


图 1-8-7　加减法计算

程序代码如下：

```
from tkinter import *
def Add():
    a=float(in1.get())
    b=float(in2.get())
    c='%0.2f +%0.2f =%0.2f\n' % (a,b,a+b)
    txt.insert(END,c)
    in1.delete(0,END)
    in2.delete(0,END)
def Sub():
    a=float(in1.get())
    b=float(in2.get())
    c='%0.2f -%0.2f =%0.2f\n' % (a,b,a-b)
    txt.insert(END,c)
    in1.delete(0,END)
    in2.delete(0,END)
root=Tk()
root.geometry('480x300')
root.title('加减法计算')
lb=Label(root,text='输入两个数,进行加减法计算。')
lb.place(relx=0.1,rely=0.1,relwidth=0.8,relheight=0.1)
in1=Entry(root)
in1.place(relx=0.1,rely=0.2,relwidth=0.3,relheight=0.1)
in2=Entry(root)
in2.place(relx=0.6,rely=0.2,relwidth=0.3,relheight=0.1)
btn1=Button(root,text='加法',command=Add)
btn1.place(relx=0.1,rely=0.4,relwidth=0.3,relheight=0.1)
btn2=Button(root,text='减法',command=Sub)
btn2.place(relx=0.6,rely=0.4,relwidth=0.3,relheight=0.1)
txt=Text(root)
txt.place(rely=0.6,relheight=0.4)
root.mainloop()
```

**例 8.8**　使用单选按钮选择项目，把结果显示在标签中，如图 1-8-8 所示。

程序代码如下：

```
from tkinter import *
def disp():
```

```
    d={0:'A',1:'B',2:'C'}
    m='您选择了'+d.get(var.get())+'项'
    lb.config(text=m)
root=Tk()
lb=Label(root,text='')
lb.pack()
var=IntVar()
r1=Radiobutton(root,text='A',variable=var,value=0,command=disp).pack()
r2=Radiobutton(root,text='B',variable=var,value=1,command=disp).pack()
r3=Radiobutton(root,text='C',variable=var,value=2,command=disp).pack()
root.mainloop()
```

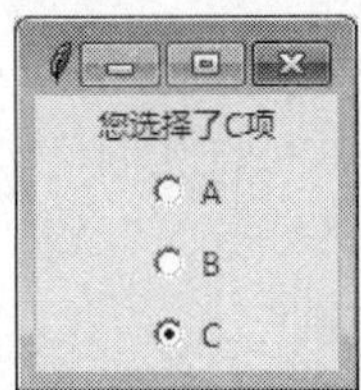


图 1-8-8 单选按钮

**例 8.9** 使用复选框选择多个项目，把结果显示在标签中，如图 1-8-9 所示。

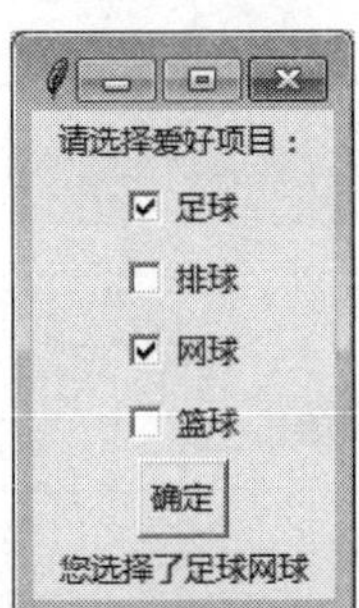


图 1-8-9 复选框

程序代码如下：

```
from tkinter import *
def disp():
    if (CheckV1.get()==0 and CheckV2.get()==0 \
        and CheckV3.get()==0 and CheckV4.get()==0):
        s='您没有选择任何项目'
    else:
        s1='足球' if CheckV1.get()==1 else ''
        s2='排球' if CheckV2.get()==1 else ''
        s3='网球' if CheckV3.get()==1 else ''
        s4='篮球' if CheckV4.get()==1 else ''
        s='您选择了%s%s%s%s' % (s1,s2,s3,s4)
    lb2.config(text=s)
root=Tk()
lb1=Label(root,text='请选择爱好项目：')
```

```
lb1.pack()
CheckV1=IntVar()
CheckV2=IntVar()
CheckV3=IntVar()
CheckV4=IntVar()
ch1=Checkbutton(root,text='足球',variable=CheckV1,\
                onvalue=1,offvalue=0)
ch2=Checkbutton(root,text='排球',variable=CheckV2,\
                onvalue=1,offvalue=0)
ch3=Checkbutton(root,text='网球',variable=CheckV3,\
                onvalue=1,offvalue=0)
ch4=Checkbutton(root,text='篮球',variable=CheckV4,\
                onvalue=1,offvalue=0)
ch1.pack()
ch2.pack()
ch3.pack()
ch4.pack()
btn=Button(root,text='确定',command=disp)
btn.pack()
lb2=Label(root,text='')
lb2.pack()
root.mainloop()
```

**例 8.10** 实现列表框的初始化、添加、修改、删除和清空等操作,如图 1-8-10 所示。

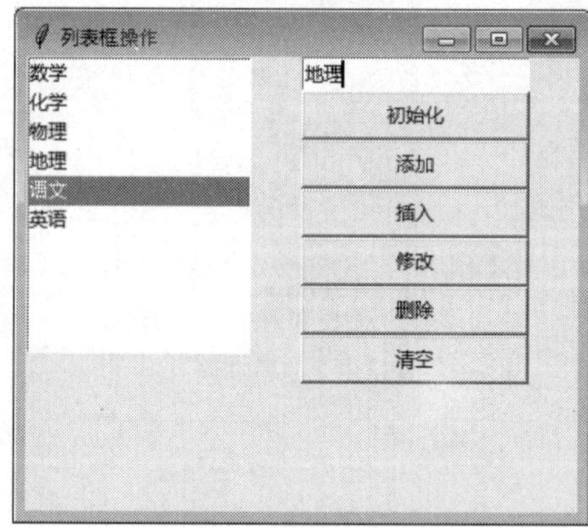


图 1-8-10 列表框操作

程序代码如下:

```
from tkinter import *
def ini():
    Lstbox1.delete(0,END)
    list_items=['数学','化学','物理','语文','英语']
    for item in list_items:
        Lstbox1.insert(END,item)
def clear():
    Lstbox1.delete(0,END)
def ins():
```

```
    if entry.get()!='':
        if Lstbox1.curselection()==():
            Lstbox1.insert(Lstbox1.size(),entry.get())
        else:
            Lstbox1.insert(Lstbox1.curselection(),entry.get())
def updt():
    if entry.get()!='' and Lstbox1.curselection()!=():
        selected=Lstbox1.curselection()[0]
        Lstbox1.delete(selected)
        Lstbox1.insert(selected,entry.get())
def delt():
    if Lstbox1.curselection()!=():
        Lstbox1.delete(Lstbox1.curselection())
root=Tk()
root.title('列表框操作')
root.geometry('350x280')
frame1=Frame(root,relief=RAISED)
frame1.place(relx=0.0)
frame2=Frame(root,relief=GROOVE)
frame2.place(relx=0.5)
Lstbox1=Listbox(frame1)
Lstbox1.pack()
entry=Entry(frame2)
entry.pack()
btn1=Button(frame2,text='初始化',command=ini)
btn1.pack(fill=X)
btn2=Button(frame2,text='添加',command=ins)
btn2.pack(fill=X)
btn3=Button(frame2,text='插入',command=ins)
btn3.pack(fill=X)
btn4=Button(frame2,text='修改',command=updt)
btn4.pack(fill=X)
btn5=Button(frame2,text='删除',command=delt)
btn5.pack(fill=X)
btn6=Button(frame2,text='清空',command=clear)
btn6.pack(fill=X)
root.mainloop()
```

**例 8.11**　单击课程或学分的列表框实现联动选课，并把结果显示在文本框内，如图 1-8-11 所示。

程序代码如下：

```
from tkinter import *
def ini():
    Lstbox1.delete(0,END)
    list_items=['数学','化学','物理','语文','英语']
    for item in list_items:
        Lstbox1.insert(END,item)
```

```
    list_credits=[1.0,1.5,2.0,2.0,1.5]
    for item in list_credits:
        Lstbox2.insert(END,item)
def s1(event):
    s='已选'+Lstbox1.get(Lstbox1.curselection())+\
      str(Lstbox2.get(Lstbox1.curselection()))+'学分\n'
    txt.insert(END,s)
def s2(event):
    s='已选'+Lstbox1.get(Lstbox2.curselection())+\
      str(Lstbox2.get(Lstbox2.curselection()))+'学分\n'
    txt.insert(END,s)
root=Tk()
root.title('单击课程或学分均可选择')
root.geometry('350x280')
frame1=Frame(root,relief=RAISED)
frame1.place(relx=0.0)
frame2=Frame(root,relief=GROOVE)
frame2.place(relx=0.3)
frame3=Frame(root,relief=RAISED)
frame3.place(relx=0.6)
Lstbox1=Listbox(frame1)
Lstbox1.bind('<ButtonRelease-1>',s1)
Lstbox1.pack()
Lstbox2=Listbox(frame2)
Lstbox2.bind('<ButtonRelease-1>',s2)
Lstbox2.pack()
txt=Text(frame3,height=14,width=18)
txt.pack()
ini()
root.mainloop()
```

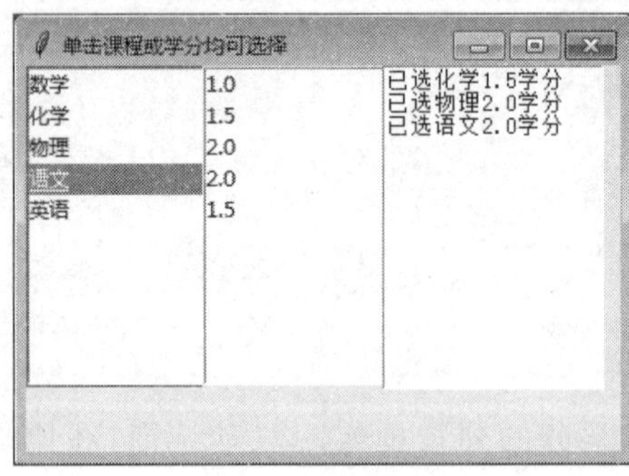


图 1-8-11 列表框选择

**例 8.12** 编程实现四则运算计算器,输入两个操作数,选择组合框中的算法进行计算,如图 1-8-12 所示。

程序代码如下:

```
from tkinter import *
from tkinter.ttk import *
```

```
def calc(event):
    a=float(t1.get())
    b=float(t2.get())
    d={0:a+b,1:a-b,2:a*b,3:a/b}
    c=d[comb.current()]
    lb.config(text=str(c))
root=Tk()
root.title('四则运算')
t1=Entry(root)
t1.place(relx=0.1,rely=0.1,relwidth=0.2,relheight=0.1)
t2=Entry(root)
t2.place(relx=0.5,rely=0.1,relwidth=0.2,relheight=0.1)
var=StringVar()
comb=Combobox(root,textvariable=var,\
              values=['加','减','乘','除'])
comb.place(relx=0.1,rely=0.5,relwidth=0.2)
comb.bind('<<ComboboxSelected>>',calc)
lb=Label(root,text='结果')
lb.place(relx=0.5,rely=0.7,relwidth=0.2,relheight=0.3)
root.mainloop()
```

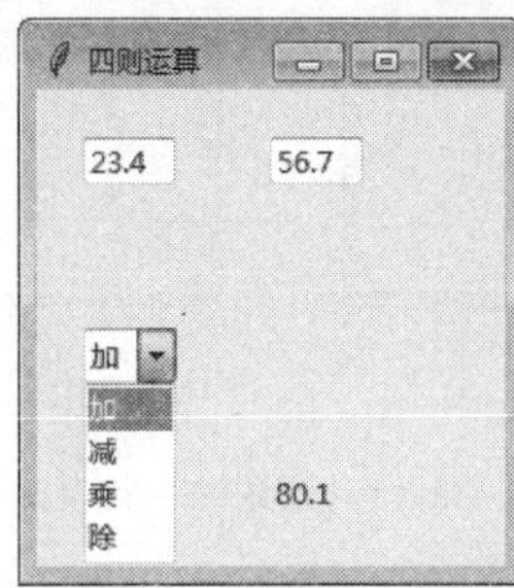


**图 1-8-12　四则运算计算器**

**例 8.13**　编程实现滑块测试，如图 1-8-13 所示。

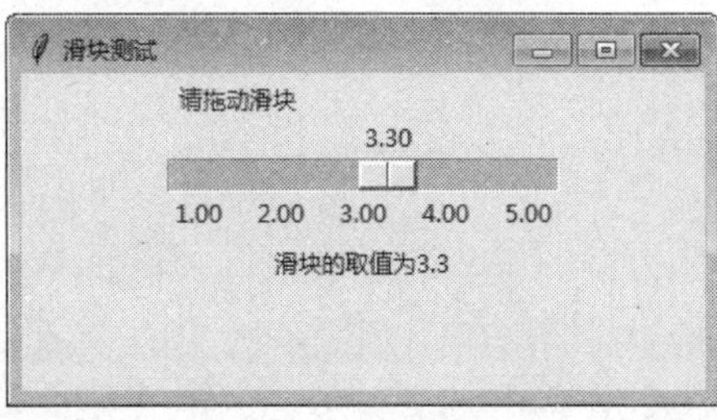


**图 1-8-13　滑块测试**

程序代码如下：

```
from tkinter import *
def disp(event):
    s='滑块的取值为'+str(v.get())
```

```
    lb.config(text=s)
root=Tk()
root.title('滑块测试')
root.geometry('350x220')
v=DoubleVar()
scl=Scale(root,orient=HORIZONTAL,length=200,\
          from_=1.0,to=5.0,label='请拖动滑块',\
          tickinterval=1,resolution=0.05,variable=v)
scl.bind('<ButtonRelease-1>',disp)
scl.pack()
lb=Label(root,text='')
lb.pack()
root.mainloop()
```

**例 8.14** 编程实现菜单和快捷菜单,如图 1-8-14 所示。

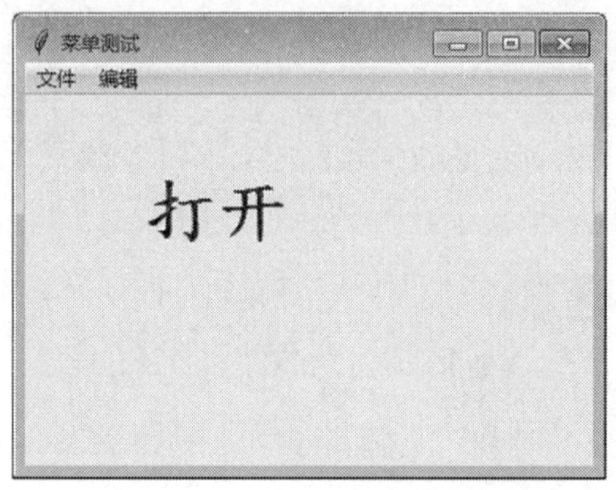


(a) 菜单

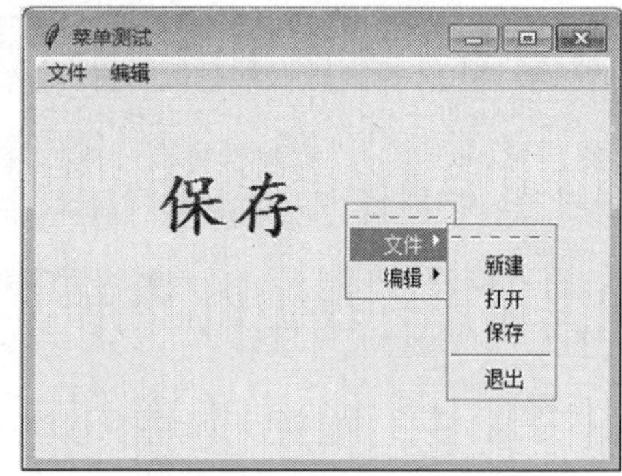


(b) 快捷菜单

**图 1-8-14 菜单和快捷菜单**

程序代码如下:

```
from tkinter import *
def new():
    s='新建'
    lb.config(text=s)
def ope():
    s='打开'
    lb.config(text=s)
def sav():
    s='保存'
    lb.config(text=s)
def cut():
    s='剪切'
    lb.config(text=s)
def cop():
    s='复制'
    lb.config(text=s)
def pas():
    s='粘贴'
```

```
    lb.config(text=s)
def popmnu(event):
    mainmenu.post(event.x_root,event.y_root)
root=Tk()
root.title('菜单测试')
root.geometry('350x220')
lb=Label(root,text='显示信息',font=('楷体',32,'bold'))
lb.place(relx=0.2,rely=0.2)
mainmenu=Menu(root)
menuFile=Menu(mainmenu)
mainmenu.add_cascade(label='文件',menu=menuFile)
menuFile.add_cascade(label='新建',command=new)
menuFile.add_cascade(label='打开',command=ope)
menuFile.add_cascade(label='保存',command=sav)
menuFile.add_separator()
menuFile.add_cascade(label='退出',command=root.destroy)
menuEdit=Menu(mainmenu)
mainmenu.add_cascade(label='编辑',menu=menuEdit)
menuEdit.add_cascade(label='剪切',command=cut)
menuEdit.add_cascade(label='复制',command=cop)
menuEdit.add_cascade(label='粘贴',command=pas)
root.config(menu=mainmenu)
root.bind('<Button-3>',popmnu)
root.mainloop()
```

**例 8.15** 编程实现主窗体和子窗体，如图 1-8-15 所示。

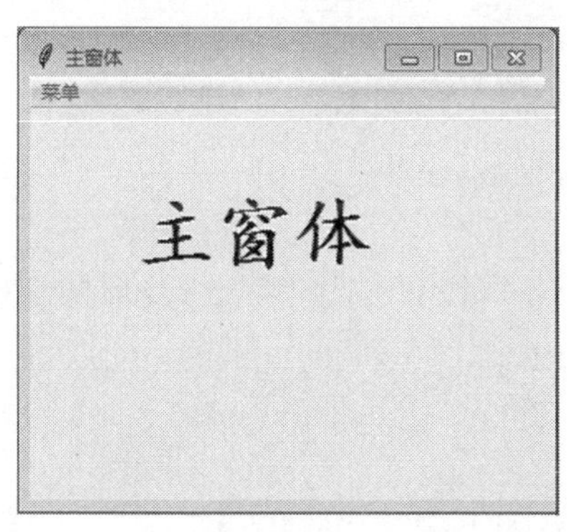


(a) 主窗体

(b) 子窗体

**图 1-8-15 主窗体和子窗体**

程序代码如下：

```
from tkinter import *
def newwin():
    winN=Toplevel(root)
    winN.geometry('320x240')
    winN.title('新窗体')
    lb2=Label(winN,text='第二个窗体')
```

```
    lb2.place(relx=0.2,rely=0.2)
    btC=Button(winN,text='关闭',command=winN.destroy)
    btC.place(relx=0.7,rely=0.5)
root=Tk()
root.geometry('320x240')
root.title('主窗体')
lb1=Label(root,text='主窗体',font=('楷体',36,'bold'))
lb1.place(relx=0.2,rely=0.2)
mainmnu=Menu(root)
menuF=Menu(mainmnu)
mainmnu.add_cascade(label='菜单',menu=menuF)
menuF.add_command(label='新窗体',command=newwin)
menuF.add_separator()
menuF.add_command(label='退出',command=root.destroy)
root.config(menu=mainmnu)
root.mainloop()
```

**例 8.16** 弹出对话框,将选择结果回显,如图 1-8-16 所示。

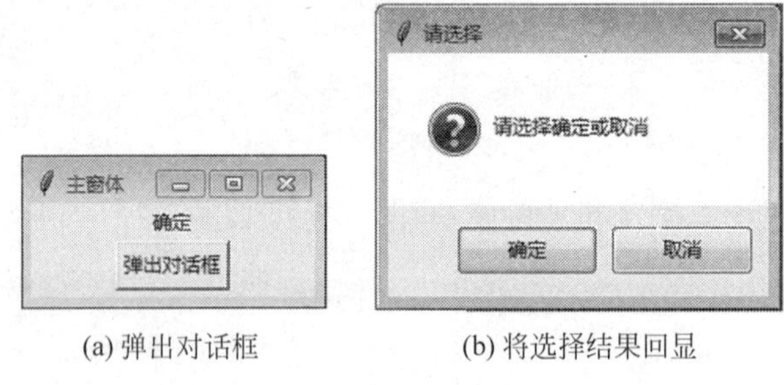


(a) 弹出对话框　　(b) 将选择结果回显

**图 1-8-16　选择对话框**

程序代码如下:

```
from tkinter import *
import tkinter.messagebox
def Sel():
    a=tkinter.messagebox.askokcancel('请选择','请选择确定或取消')
    if a:
        lb.config(text='确定')
    else:
        lb.config(text='已取消')
root=Tk()
root.title('主窗体')
lb=Label(root,text='')
lb.pack()
btn=Button(root,text='弹出对话框',command=Sel)
btn.pack()
root.mainloop()
```

**例 8.17** 在输入对话框内输入文字,显示在主窗体内,如图 1-8-17 所示。

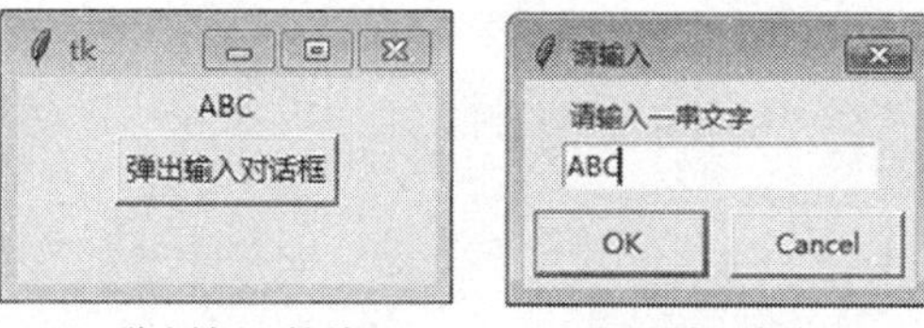


(a) 弹出输入对话框　　(b) 输入文字

**图 1-8-17　输入对话框**

程序代码如下：

```
from tkinter.simpledialog import *
def Sel():
    s=askstring('请输入','请输入一串文字')
    lb.config(text=s)
root=Tk()
lb=Label(root,text='')
lb.pack()
btn=Button(root,text='弹出输入对话框',command=Sel)
btn.pack()
root.mainloop()
```

**例 8.18**　编程实现文件选择对话框，如图 1-8-18 所示。

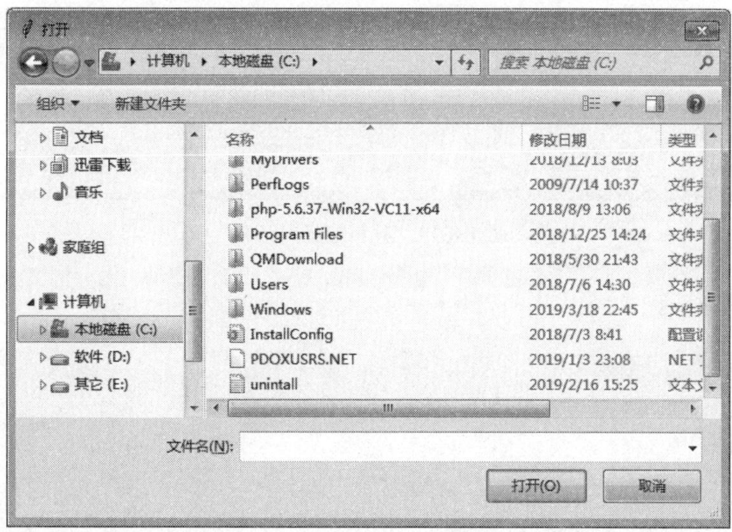


**图 1-8-18　文件选择对话框**

程序代码如下：

```
from tkinter import *
import tkinter.filedialog
def Sel():
    filename=tkinter.filedialog.askopenfilename()
    if filename!='':
        lb.config(text='您选择的文件是'+filename)
```

```
    else:
        lb.config(text='您没有选择任何文件')
root=Tk()
lb=Label(root,text='')
lb.pack()
btn=Button(root,text='弹出文件选择对话框',command=Sel)
btn.pack()
root.mainloop()
```

**例 8.19** 编程实现颜色选择对话框，如图 1-8-19 所示。

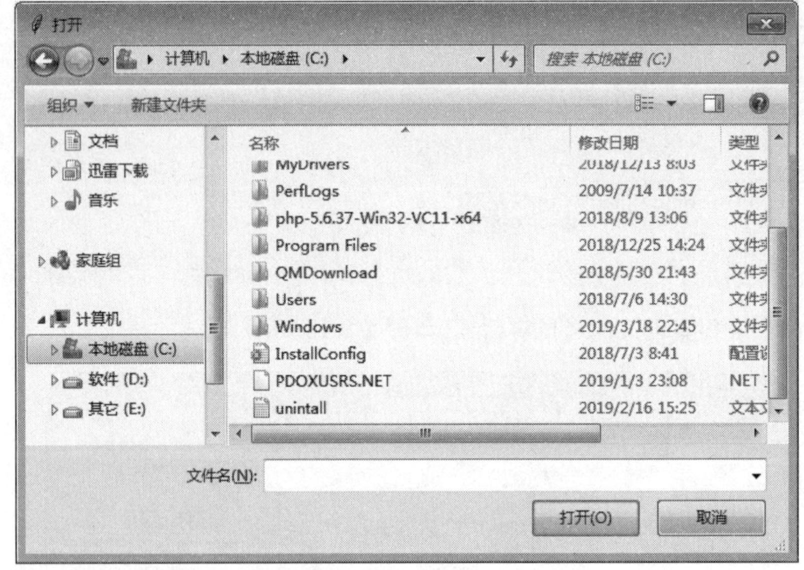

图 1-8-19 颜色选择对话框

程序代码如下：

```
from tkinter import *
import tkinter.colorchooser
def Sel():
    color=tkinter.colorchooser.askcolor()
    colorstr=str(color)
    lb.config(text=colorstr[-9:-2],background=colorstr[-9:-2])
root=Tk()
lb=Label(root,text='颜色的变化')
lb.pack()
btn=Button(root,text='弹出颜色选择对话框',command=Sel)
btn.pack()
root.mainloop()
```

**例 8.20** 编程实现按键测试，如图 1-8-20 所示。

图 1-8-20　按键测试

程序代码如下：

```
from tkinter import *
def disp(event):
    s=event.keysym
    lb.config(text=s)
root=Tk()
root.geometry('300x200')
root.title('按键测试')
lb=Label(root,text='请按键',font=('黑体',48))
lb.bind('<Key>',disp)
lb.focus_set()
lb.pack()
root.mainloop()
```

**例 8.21**　编程实现显示鼠标坐标，如图 1-8-21 所示。

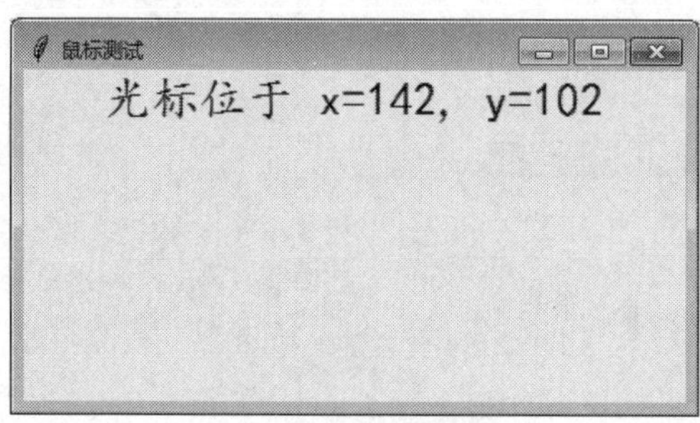


图 1-8-21　显示鼠标坐标

程序代码如下：

```
from tkinter import *
def disp(event):
    s='光标位于 x=%s, y=%s' % (str(event.x),str(event.y))
    lb.config(text=s)
root=Tk()
root.geometry('400x300')
root.title('鼠标测试')
lb=Label(root,text='单击窗体',font=('楷体',20))
lb.pack()
```

```
root.bind('<Button-1>',disp)
root.focus_set()
root.mainloop()
```

**【实验任务】**

设计四则运算计算器。可输入数字0～9,有小数点,可进行加减乘除运算。

**【拓展训练】**

训练要求：设计界面,界面中应能够列出文件夹中的.gif文件,并能预览选中的图形文件。

# 实验 9 文件和数据库

## 实验 9.1 文件

**【实验目的】**

(1) 掌握文件的打开方法。

(2) 掌握文件的读写方法。

(3) 掌握文件和目录的操作。

**【相关知识】**

**1. 文本文件和二进制文件**

文件通常是顺序读写,也可以是随机读写,从读写方式来说,文件可分为顺序文件和随机文件。文件按照存储方式的不同可以分为文本文件和二进制文件。计算机的存储在物理上是二进制的,文本文件与二进制文件的区别并不体现在物理上,而是体现在逻辑上。这两者只是在编码层次上有差异。

文本文件是基于单一特定字符编码(如 ASCII、UTF-8)的文件,是一种典型的顺序文件,被广泛用于记录信息。文本文件(扩展名为.txt)程序文件(如 Python 程序文件,扩展名为.py;C 语言程序文件,扩展名为.c;数据库脚本语言文件,扩展名为.sql)都是文本文件。

二进制文件是基于值编码的文件,如音频、图片和视频文件等。

**2. 文件的打开和关闭**

文件的打开语句如下:

```
文件对象=open(文件名[,模式][,encoding=编码模式])    #返回一个文件对象
```

文件名可以是只是文件名,也可以是全路径文件名。例如,要打开 D 盘下的 1.txt,则全路径文件名为"D:\\1.txt"。如果只是文件名,则 Python 打开当前目录下的文件,当前目录指命令行的当前目录。文件打开模式分为读打开、写打开和追加打开,如表 1-9-1 所示。

表 1-9-1 文件打开模式

| 打开模式 | 说明 | 文本't' | 二进制'b' | 读写'+' |
|---|---|---|---|---|
| 'r' | 读文件,不存在则出错,默认 | 按照文本模式打开,省略模式则按照'rt'打开 | 按照二进制模式打开 | 按照读写模式打开 |
| 'w' | 写文件,不存在则新建 | | | |
| | 存在则删除原内容重写 | | | |
| 'a' | 追加写,不存在则新建 | | | |
| 'x' | 写文件,存在则出错 | | | |

文件操作结束之后,需要使用 close 方法关闭,将缓冲区内容写入文件,释放文件的使用授权。语法格式如下:

```
文件对象.close()
```

**3. 读文件的方法**

读文件的方法如表 1-9-2 所示。

表 1-9-2 读文件的方法

| 操作方法 | 指定参数 | 不指定参数 |
|---|---|---|
| read(size=-1) | 从文件中读取指定 size 的字符串或字节流 | 读取整个文件 |
| readline(size=-1) | 从文件指针所在行中读取前 size 行字符串 | 读取一行 |
| readlines(sizeint=-1) | 读取指定 sizeint 个字节,返回列表 | 读入所有行,每行为元素返回一个列表 |

read()如果不指定参数,则一次性读取整个文件,适用于较小的文件。当文件较大(如几十兆字节以上)时,一次性读入所有内容可能会影响程序性能。对于格式化的文本文件或二进制文件,一般要指定参数,每次读取一部分。

readlines()读入所有行,如果文件较大,一次读取将占用较大内存,一般每次读取一行。建议使用可迭代对象 f 进行迭代遍历: for line in f,会自动地使用缓冲 IO 以及内存管理,而不必担心任何大文件的问题。

readline()每次读取一行,通常比 readlines() 慢得多。仅当内存不足以一次读取整个文件时,才使用 readline(),一般适用于读取文本文件。例如:

```
with open(filename, 'r') as f:
    for line in f:
        ...
```

**4. 写文件的方法**

文件对象写入的方法有两个,分别是 write 和 writelines,其含义如表 1-9-3 所示。

表 1-9-3　写文件的方法

| 方　法 | 含　　义 |
|---|---|
| write(*s*) | 向文件中写入一个字符串或字节流 *s*,返回写入的字节数 |
| writelines(lines) | 向文件中写入一个字符串序列。字符串序列可以是由迭代对象产生的,换行需要手动添加换行符 \n |

如果对同一文件进行同时读写操作,write 或 writeline 只是将内容写入了一个缓存区,并没有真正写入文件。如果写入之后直接移动指针进行读取,会发现本应写入指定位置的内容写入了文件末尾,为了避免错误,在写入之后、读之前,应用 flush 方法将缓冲区内容写入文件中。

**【实验范例】**

**例 9.1**　写文件示例。

随机生成 100～999 的 1000 个整数,每个整数占一行,写入 d:\test.txt 文件中。

程序代码如下:

```
import random
with open("D:\\test.txt", 'w') as f:
    for i in range(1000):
        f.write(str(random.randrange(100,999))+'\n')
```

**例 9.2**　读文件示例。

读取例 9.1 中生成的 test.txt,统计其中个位数为 5 的数字的个数。

程序代码如下:

```
count=0
with open("D:\\test.txt", 'r') as f:
    for line in f:
        t=int(line)
        if (t%10==5):
            count=count+1
print(count)
```

**例 9.3**　修改文件示例。

读取例 9.1 中生成的 test.txt,分别将第 100,200,…,1000 个数加 1。

程序代码如下:

```
with open("D:\\test.txt", 'r+') as f:
    for i in range(1,11):
        f.seek(i*5*100-5)
        t=int(f.readline())
        print(t)
        f.seek(i*5*100-5)
        f.write(str(t+1))
```

每行除了包含 3 个数字之外,还有回车和换行符,所以是乘以 5。

**【实验任务】**

(1) 编写程序,创建一个文本文件1.txt,保存到d:\python(如果目录不存在则创建该目录),要求如下。

① 文件行数:随机,取值范围为10～20。

② 每行字符数:随机,取值范围为10～30。

③ 字符:随机大写字符。

(2) 编写程序,打开文本文件1.txt,复制该文件。

(3) 编写程序,读取文本文件1.txt,要求:

① 统计文件的行数;

② 统计每个字母出现的次数。

(4) 编写程序,将文本文件1.txt中所有字母进行加密,并保存到另一个文件中,原文和对应的密文如下。

原文:

```
ABCDEFGHIJKLMNOPQRSTUVWXYZ
```

密文:

```
NOPQRSTUVWXYZABCDEFGHIJKLM
```

**【拓展训练】**

训练要求:编写程序,将实验任务(4)中的密文保存到本文件中。

# 实验9.2 数据库

**【实验目的】**

(1) 掌握python DB API的执行流程。

(2) 掌握使用Python连接SQLite3数据库及操作数据库的方法。

**【相关知识】**

(1) 数据库基本知识。数据库文件是一种特殊的文件,使用数据库管理系统对数据进行统一管理和控制。数据模型是数据库中数据的存储方式,关系模型是目前最重要的一种数据模型。目前比较流行的数据库如SQLite,MySQL、SQL Server、Oracle都采用了关系模型。

关系数据库采用了关系模型作为数据的组织形式。在关系数据库中,数据被存储在多个表中。每个关系逻辑上都是一个二维表,由行和列组成。关系数据库涉及的基本概念如下。

① 关系(RELATION):一个关系对应一个表。

② 元组(TUPLE):对应表中的一行,又称记录。

③ 属性(ATTRIBUTE):对应表中的一列,又称字段。

④ 主键(KEY):唯一标识一行的字段或字段集合。例如,学生基本信息表的关键字

为学号。

⑤ 域(DOMAIN)：属性的取值范围，例如，性别字段只能有“男”或“女”两个取值，年龄字段的取值范围为 0～150。

(2) SQL 语言。SQL 语言是关系数据库的标准语言。SQL 是一种综合的、功能强大、简单易学的语言，完成核心功能只需要 9 个动词，如表 1-9-4 所示。

**表 1-9-4　完成 SQL 语言核心功能的 9 个动词**

| SQL 核心功能 | 动　词 |
|---|---|
| 数据查询(DQL) | SELECT |
| 数据操纵(DML) | INSERT、UPDATE、DELETE |
| 数据定义(DDL) | CREATE、DROP、ALTER |
| 数据控制(DCL) | GRANT、REVOKE |

(3) Python DB API。Python 定义了一套操作数据库的 DBAPI 接口，包含数据库连接对象 Connect、Cursor、Exception。其中，Connect 是数据库连接对象，负责连接数据库；Cursor 是游标对象，负责执行 SQL 语句并保持执行结果；Exception 是异常对象，负责处理执行中的各种异常。

Python DB API 执行流程如图 1-9-1 所示。

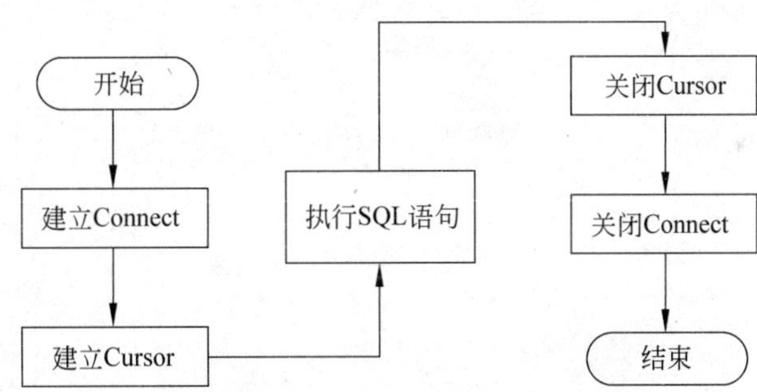


**图 1-9-1　Python DB API 执行流程**

Python 集成了 SQLite3，在程序中添加代码 import sqlite3 就可以使用 SQLite3 数据库。

**【实验范例】**

**例 9.4**　连接 SQLite3，创建数据库 test. db，建表 user(id varchar(5) primary，name varchar(20)，向表中插入 3 条记录。

程序代码如下：

```
import sqlite3
#如果数据库不存在,则在当前文件夹下创建
conn =sqlite3.connect('d:\\mytest.db')
cursor =conn.cursor()                    #获取游标
#建表语句
ct =  """create table if not exists user(
```

```
    id varchar(2) primary key,
    name varchar(20)
);
"""
#删除语句
delete_sql='delete from user'
#插入语句
insert_sql ='insert into user (id,name) values (?,?)'

cursor.execute(ct)
cursor.execute(delete_sql)
cursor.execute(insert_sql, ('1', 'jack'))
cursor.execute(insert_sql, ('2', 'tom'))
cursor.execute(insert_sql, ('3', 'lili'))
cursor.close()                  #关闭 cursor
conn.commit()                   #修改数据库之后要 commit
conn.close()                    #关闭数据库连接
```

**例 9.5** 将'2'的 name 修改为'john',删除 id 为'1'的行,查询修改之后的结果。

程序代码如下:

```
import sqlite3
conn =sqlite3.connect('d:\\mytest.db')
cursor =conn.cursor()           #获取游标

#删除语句
delete_sql='delete from user where id=?'
#更新语句
update_sql='update user set name=? where id=?'
#查询语句
select_sql='select * from user'
cursor.execute(select_sql)
print('---更新前------')
for row in cursor:
   print(row)
cursor.execute(update_sql,('john','2'))
cursor.execute(delete_sql,'3')
cursor.execute(select_sql)
print('---更新后------')
for row in cursor:
   print(row)
cursor.close()                  #关闭 cursor
conn.commit()                   #修改数据库之后要 commit
conn.close()                    #关闭数据库连接
```

**【实验任务】**

(1) 仿照例 9.4,完成以下操作。

① 建立数据库 d:\company.db。

② 建立表 employee,表中包括 id(编号,主键)、name(姓名)、sex(性别)、birthday(出

生日期)、hiredate(入职日期)。

③ 插入 5 条数据。

(2) 查询并打印表 employee 中的所有数据。

(3) 将所有人员的入职日期修改为 2019-1-1。

(4) 根据编号删除插入的第二条数据。

# 实验 10

# 面向对象程序设计：类与对象

**【实验目的】**

(1) 掌握类的定义。

(2) 掌握面向对象程序设计的基本方法。

**【相关知识】**

一个面向对象的程序由类的声明和类的使用两部分组成。类的使用部分由主程序和有关函数组成。这时，程序设计始终围绕"类"展开。通过声明类，构建了程序所要完成的功能，体现了面向对象程序设计的思想。在Python中，所有数据类型都可以视为对象，当然也可以自定义对象。自定义的对象数据类型就是面向对象中的类的概念。

**1. 类的定义**

在Python中，通过关键字定义类，一般格式如下：

```
class  类名:
   类体
```

类的定义由类头和类体两部分组成。类头由关键字class开头，后面紧跟类名，其命名规则与一般标识符的命名规则一致。类名的首字母一般采用大写，类名后面有一个冒号。类体中包括类的所有细节，向右缩进对齐。

类体定义类的成员，有两种类型的成员：一是数据成员，描述问题的属性；二是成员函数，描述问题的行为(方法)。这样，就把数据和操作封装在一起，体现了类的封装性。

一个类定义完成之后，就产生了一个类对象。类对象支持两种操作：引用和实例化。引用操作是通过类对象去调用类中的属性或方法；而实例化是产生一个类对象的实例，称为实例对象。

类定义完成之后就产生了一个全局的类对象，可以通过类对象来访问类中的属性和方法。

**2. 对象的创建和访问**

类是抽象的，要使用类定义的功能，就必须将类实例化，即创建类的对象。在Python中，用赋值的方式创建类的实例，一般格式如下：

```
对象名=类名(参数列表)
```

创建对象后，可以使用“.”运算符，通过实例对象来访问这个类的属性和函数，一般格式如下：

```
对象名.属性名
对象名.函数名()
```

**3. 属性和方法的访问控制**

(1) 属性的访问控制。在类中可以定义一些属性，例如：

```
class  Stu:
    name='ABC'
    mark=66
s=Stu()
print(s.name,s.mark)
```

上面定义了 Stu 类，其中定义了 name 和 mark 属性，默认值分别为'ABC'和 66。在定义了类之后，就可以用来产生实例化对象了，语句“s=Stu()”实例化了一个 s，然后就可以通过 s 读取属性了。

(2) 方法的访问控制。在类中，可以根据需要定义一些方法，定义方法采用 def 关键字。类中定义的方法至少会有一个参数，一般用名为 self 的变量作为该参数(也可以使用其他名称)，而且需要作为第一个参数。例如：

```
class Stu:
    __name='ABC'
    __mark=66
    def getname(self):
        return self.__name
    def getmark(self):
        return self.__mark
s=Stu()
print(s.getname(),s.getmark())
```

程序运行结果如下：

```
ABC 66
```

以上程序中的 self 是对象自身的意思，在用某个对象调用该方法时，就将该对象作为第一个参数传递给 self。

**4. 类属性和实例属性**

(1) 类属性。类属性就是类对象所拥有的属性，它被所有类对象的实例对象所公有，在内存中只存在一个副本，与 C++ 中类的静态成员变量有点类似。对于公有的类属性，在类外可以通过类对象和实例对象访问。例如：

```
class  Stu:
    name='ABC'              #公有的类属性
    __mark=66               #私有的类属性
s=Stu()
print(s.name)               #正确,但不提倡
print(Stu.name)             #正确
print(s.__mark)             #错误,不能在类外面通过实例对象访问私有的类属性
print(Stu.__mark)           #错误,不能在类外面通过类对象访问私有的类属性
```

类属性是在类中方法之外定义的,它属于类,可以通过类访问。尽管也可以通过对象来访问类属性,但不建议这样做,因为这样做会造成类属性值不一致。

类属性还可以在类定义结束之后通过类名增加。例如,下列语句给 Person 类增加属性 n:

```
class  Stu:
    name='ABC'
    __mark=66
Stu.n=100
s=Stu()
print(s.n)
```

程序运行结果如下:

```
100
```

在类外对类对象 Stu 进行实例化之后,产生了一个实例对象 s,然后通过上面语句给 s 添加了一个实例属性 k,赋值为 123。这个实例属性是实例对象 s 所特有的。如果再产生一个实例对象 d,则不能拥有这个属性 k,所以不能通过类对象 d 来访问属性 k。例如:

```
class  Stu:
    name='ABC'
    __mark=66
Stu.n=100
s=Stu()
s.k=123
print(s.n,s.k)
d=Stu()
print(d.n,d.k)              #错误
```

(2) 实例属性。实例属性不需要在类中显式定义,而是在__init__构造函数中定义,定义时以 self 作为前缀。也可以在其他方法中随意添加新的实例属性,但并不提倡这么做,所有的实例属性最好在__init__构造函数中给出。实例属性属于实例(对象),只能通过对象名访问。例如:

```
class Stu:
    def __init__(self,s):
        self.name=s
```

```
    def F1(self):
        self.h=20
d=Stu('ABC')
d.F1()
print(d.name,d.h)
```

如果需要在类外修改类属性，则必须先通过类对象去引用，然后进行修改。如果通过实例对象去引用，则会产生一个同名的实例属性，这种方式修改的是实例属性，不会影响类属性，并且之后如果通过实例对象去引用该名称的属性，实例属性会强制屏蔽类属性，即引用的是实例属性，除非删除了该实例属性。例如：

```
class C:
    s='ABC'
print(1,C.s)
a=C()
print(2,a.s)
a.s='DEF'
print(3,a.s)
print(4,C.s)        #类属性不变
del a.s
print(5,a.s)        #实例属性删除后，恢复原样原有的类属性
```

程序运行结果如下：

```
1 ABC
2 ABC
3 DEF
4 ABC
5 ABC
```

**5. 类的方法**

(1) 类中内置的方法。Python 中有一些内置的方法，这些方法的命名有特殊的约定，一般以两个下画线开始并以两个下画线结束。类中最常用的就是构造方法和析构方法。

① 构造方法。构造方法__init__(self,…)在生成对象时调用，可以用来进行一些属性初始化操作，不需要显式调用，系统会默认去执行。构造方法支持重载，如果用户自己没有重新定义构造方法，系统就自动执行默认的构造方法。

构造方法示例代码如下：

```
class P:
    def __init__(self,s):
    self.k=s
    def disp(self):
    print(self.k)
p=P('ABC')
p.disp()
```

程序运行结果如下：

```
ABC
```

_ _init_ _方法中用形参 s 对属性 k 进行初始化。注意，它们是两个不同的变量，尽管它们可以有相同的名字。更重要的是，程序中没有专门调用_ _init_ _方法，只是在创建一个类的新实例时，把参数包括在括号内跟在类名后面，从而传递给_ _init_ _方法。这是这种方法的重要之处。能够在该方法中使用 self. k 属性(也称为域)，这在 disp 方法中得到了验证。

② 析构方法。析构方法_ _del_ _(self)在释放对象时调用，支持重载，可以在其中进行一些释放资源的操作，不需要显式调用。类的普通成员函数以及构造方法和析构方法的示例代码如下：

```
class P:
    def __init__(self):
        print('init')
    def __del__(self):
        print('del')
    def disp(self):
        print('disp')
p=P()
p.disp()
del p
```

程序运行结果如下：

```
init
disp
del
```

类 P 中，_ _init_ _(self)构造函数具有初始化的作用，即当该类被实例化时就会执行该函数，可以把要先初始化的属性放到这个函数里面。其中的_ _del_ _(self)方法就是一个析构函数，当使用 del 删除对象时，会调用对象本身的析构函数。另外，当对象在某个作用域中调用完成后，在跳出其作用域的同时，析构函数也会被调用一次，这样可以释放内存空间。disp(selt)是一个普通函数，通过对象进行调用。

(2) 类方法、实例方法和静态方法。

① 类方法。类方法是类对象所拥有的方法，需要使用修饰器“@classmethod”来标识其为方法。对于类方法，第一个参数必须是类对象，大都习惯用“cls”作为第一个参数的名字(也可以使用其他名称)，可以通过实例对象和类对象去访问类方法。例如：

```
class P:
    s='ABC'
    @classmethod
    def ret(cls):
```

```
        return cls.s
p=P()
print(p.ret())          #通过实例对象引用
print(P.ret())          #通过类对象引用
```

程序运行结果如下：

```
ABC
ABC
```

还可以使用类方法对类属性进行修改，例如：

```
class P:
    s='ABC'
    @classmethod
    def ret(cls):
        return cls.s
    @classmethod
    def edit(cls,s1):
        cls.s=s1
p=P()
p.edit('DEF')
print(p.ret())
print(P.ret())
```

程序运行结果如下：

```
DEF
DEF
```

说明在使用类方法对类属性进行修改之后，通过类对象和实例对象访问的类属性都发生了改变。

② 实例方法。实例方法就是类中最常见的成员方法，它至少有一个参数并且必须以实例对象作为其第一个参数，一般以名为 self 的变量作为第一个参数(也可以使用其他名称)。在类外，实例方法只能通过实例对象去调用。例如：

```
class P:
    s='ABC'
    def ret(self):
        return self.s
p=P()
print(p.ret())          #正确,可以通过实例对象引用
print(P.ret())          #错误,不能通过类对象引用实例方法
```

③ 静态方法。静态方法需要通过修饰器“@staticmethod”进行修饰，不需要多定义参数。例如：

```
class P:
    s='ABC'
    @staticmethod
    def ret():          #静态方法
        return P.s
print(P.ret())
p=P()
print(p.ret())
```

程序运行结果如下：

```
ABC
ABC
```

**6. 继承**

面向对象程序设计的主要好处就是代码的重用。当设计一个新类时，为了实现这种重用，可以继承一个已设计好的类。一个新类从已有的类那里获得其已有特性，这种现象称为类的继承。通过继承，在定义一个新类时，先把已有类的功能包含进来，然后再给出新功能的定义或对已有类的某些功能重新定义，实现类的重用。这种从已有类产生新类的过程也称为类的派生，即派生是继承的另一种说法，只是表述问题的角度不同而已。

在继承关系中，被继承的类称为父类或超类，也可以称为基类，继承的类称为子类。在 Python 中，类继承的定义形式如下：

```
class 子类名(父类 1[,父类 2…]):
类体
```

在定义一个类的时候，可以在类名后面紧跟一对括号，在括号中指定所继承的父类，如果有多个父类，父类名之间用逗号隔开。

**7. 多态**

多态即多种形态，是指不同的对象收到同一种消息时会产生不同的行为。在程序中，消息就是调用函数，不同的行为就是指不同的实现方法，即执行不同的函数。

Python 中的多态和 C++、Java 中的多态不同，Python 中的变量是弱类型的，在定义时不用指明其类型，它会根据需要在运行时确定变量的类型。在运行时确定状态，在编译阶段无法确定类型，这就是多态的一种体现。此外，Python 本身是一种解释性语言，不进行编译，只能在运行时确定其状态，因此也有人说 Python 是一种多态语言。在 Python 中，很多地方都可以体现多态的特性，例如，内置函数 len()不仅可以计算字符串的长度，还可以计算列表、元组等对象中的数据个数，在运行时通过参数类型确定其具体的计算过程，正是多态的一种体现。

**【实验范例】**

**例 10.1** 创建 stu 类，并实例化对象 stuA。

程序代码如下：

```
class stu(object):
    def __init__(self,name,sex,age):
        self.name=name
        self.sex=sex
        self.age=age
    def __str__(self):
        return '<姓名：%s(%c,%d岁)>' %(self.name,self.sex,self.age)
    def hobby(self):
        print('乒乓球')
stuA=stu('张三','男',19)
print(stuA)
stuA.hobby()
```

程序运行结果如下：

```
<姓名：张三(男,19岁)>
乒乓球
```

**例 10.2**　创建类和子类，并创建行为特征——函数。

程序代码如下：

```
class animals:
    def breath(self):
        print('呼吸')
class mammals(animals):
    def move(self):
        print('奔跑')
class dog(mammals):
    def eat(self):
        print('吃')
Bob=dog()
Bob.breath()
Bob.move()
Bob.eat()
```

程序运行结果如下：

```
呼吸
奔跑
吃
```

**例 10.3**　继承多个父类。

程序代码如下：

```
class A:
    def Fa(self):
        if self.n>=60:
            return '%s及格'%self.name
```

```
        else:
            return '%s 不及格'%self.name
class B():
    def Fb(self):
        print('%s, 成绩是%d.' %(self.name,self.n))
class C(A,B):
    def __init__(self,name,n):
        self.name=name
        self.n=n
n_1=C('Name1',82)
n_1.Fb()
print(n_1.Fa())
n_2=C('Name2',56)
n_2.Fb()
print(n_2.Fa())
```

程序运行结果如下：

```
Name1, 成绩是 82.
Name1 及格
Name2, 成绩是 56.
Name2 不及格
```

**例 10.4** 创建父类 A,包含两个数据成员(属性)s1 和 n1,由父类 A 派生出子类 B,包含两个数据成员 s2 和 n2,再由子类 B 派生出孙类 C,包含两个数据成员 s3 和 n3。

程序代码如下：

```
class A:                                    #父类
    def __init__(self,s1,n1):               #构造函数
        self.s1=s1                          #定义两个属性
        self.n1=n1
    def disp(self):                         #定义基类方法
        print(self.s1,self.n1)
class B(A):                                 #子类(派生类)
    def __init__(self,s1,n1,s2,n2):
        A.__init__(self,s1,n1)              #调用父类构造函数
        self.s2=s2                          #子类新增两个属性
        self.n2=n2
    def disp(self):                         #定义子类(派生类)方法
        A.disp(self)                        #调用父类(基类)方法
        print(self.s2,self.n2)
class C(B):                                 #孙类(由子类派生)
    def __init__(self,s1,n1,s2,n2,s3,n3):
        B.__init__(self,s1,n1,s2,n2)        #调用子类构造函数
        self.s3=s3                          #孙类新增两个属性
        self.n3=n3
    def disp(self):
```

```
        B.disp(self)                    #调用子类方法
        print(self.s3,self.n3)
p1=A('A:abc',10)                        #分别创建父类、子类和孙类三个对象
p1.disp()
p2=B('B:abc',10,'def',20)
p2.disp()
p3=C('C:abc',10,'def',20,'ghi',30)
p3.disp()
```

程序运行结果如下：

```
A:abc 10
B:abc 10
def 20
C:abc 10
def 20
ghi 30
```

**例 10.5**　封装及封装数据调用。

程序代码如下：

```
class A:
    def __init__(self,a,b):
        self.a=a
        self.b=b
    def disp(self):
        print(self.a)
        print(self.b)
s1=A('F1','abc')
s2=A('F2','def')
s1.disp()
s2.disp()
```

程序运行结果如下：

```
F1
abc
F2
def
```

**【实验任务】**

(1) 创建计算类，要求输入半径，计算圆的周长和面积，以及球的表面积和体积。

(2) 创建学生类，分为本科生、硕士生和博士生，属性包括姓名、性别、出生日期、毕业学校等，有继承关系。

**【拓展训练】**

训练要求：在 Python 中实现多态。

# 实验 11

# 网络编程：网页解析

**【实验目的】**

实现网页的快速访问。

**【相关知识】**

使用 TCP/IP 协议的应用程序通常采用应用编程接口 UNIX BSD (Berkeley Software Distribution)的 socket(套接字)来实现网络进程之间的通信。用 Python 进行网络编程，就是在 Python 程序本身这个进程内，连接其他服务器进程的通信端口进行通信。

**1. socket**

socket(套接字)是网络中两个应用程序之间通信的端点。网络上的两个程序通过一个双向的通信连接实现数据的交换，这个双向链路的一端就是一个 socket。

基于 TCP/IP 通信协议的 socket，是由一个 IP 地址和一个端口号唯一确定。

TCP/IP 的传输层包含两个传输协议：面向连接的 TCP 和非面向连接的 UDP。TCP 广泛用于各种可靠的传输，例如 HTTP、FTP、SMTP 等都使用 TCP；UDP 不保证可靠传输，但其传输更简单、高效，故适用于实时交互性应用，如音频、视频会议等。TCP 和 UDP 的程序架构各不相同。UDP 使用数据包传输数据。

**2. TCP 通信程序设计**

基于套接字的 TCP 服务器的网络编程一般包括以下基本步骤。

(1) 创建 socket 对象。

(2) 将 socket 绑定到指定地址上。

(3) 准备好套接字，以便接收连接请求。

(4) 通过 socket 对象方法 accept，等待客户请求连接。

(5) 服务器和客户机通过 send 和 recv 方法通信(传输数据)。

(6) 传输结束，调用 socket 的 close 方法以关闭连接。

其中，第(5)步是实现程序功能的关键步骤，其他步骤在各种程序中基本相同。

基于套接字的 TCP 客户机的网络编程一般包括以下基本步骤。

(1) 创建 socket 对象。

(2) 通过 socket 对象方法 connect 连接服务器。

(3) 客户机和服务器通过 send 和 recv 方法通信(传输数据)。

(4) 传输结束,调用 socket 的 close 方法以关闭连接。

其中,第(3)步是实现程序功能的关键步骤,其他步骤在各种程序中基本相同。

**3. UDP 通信程序设计**

基于套接字的 UDP 服务器的网络编程一般包括以下基本步骤。

(1) 创建 socket 对象。

(2) 将 socket 绑定到指定地址上。

(3) 服务器和客户机通过 send 和 recv 方法通信(传输数据)。

(4) 传输结束,调用 socket 的 close 方法以关闭连接。

其中,第(3)步是实现程序功能的关键步骤,其他步骤在各种程序中基本相同。

基于套接字的 UDP 客户机的网络编程一般包括以下基本步骤。

(1) 创建 socket 对象。

(2) 客户机和服务器通过 send 和 recv 方法通信(传输数据)。

(3) 传输结束,调用 socket 的 close 方法以关闭连接。

其中,第(2)步是实现程序功能的关键步骤,其他步骤在各种程序中基本相同。

**4. 创建 socket 对象**

可以使用 socket 对象的构造函数创建一个 socket 对象,其语法形式如下:

```
socket(family=2, type=1, proto=0, fileno=None)
```

各参数的意义如下。

family:地址系列。默认为 AF_ INET( 2,socket 模块中的常量),对应于 IPv4;AF_UNIX 对应于 UNIX 的进程间通信;AF_INET6 对应于 IPv6。

type:socket 类型。默认为 SOCK _STREAM,对应于 TCP 流套接字;SOCK_DGRAM 对应于 UDP 数据包套接字;SOCK_RAW 对应于 raw 套接字。

例如:

```
>>>  import socket
>>>  s1=socket.socket()                                  #创建用于 TCP 通信的套接字
>>>  s2=socket.socket(socket.AF_INET, socket.SOCK_STREAM)
                                                         #创建用于 TCP 通信的套接字
>>>  s3=socket.socket(socket.AF_INET, socket.SOCK_DGRAM)
                                                         #创建用于 UDP 通信的套接字
```

**5. 绑定服务器**

(1) 主机名和 IP 地址。socket 模块包含下列函数,用于获取主机名和 IP 地址等信息:

```
socket.gethostname()                #返回主机名
socket.gethostbyname(hostname)      #返回主机名的 IP 地址
socket.gethostbyname_ex(hostname)
                                  #返回扩展信息元组(hostname,aliaslist,ipaddrlist)
getfqdn([name])                     #返回全限定名称
gethostbyaddr(ip_address)           #返回 IP 地址的主机信息元组(hostname,aliaslist,
                                      ipaddrlist)
getservbyname(servicename[, protocolname])  #返回服务所使用的端口号
```

例如：

```
>>>import socket
>>>socket.gethostname()                          #返回本机的主机名
'SD-Myzqx'
>>>socket.gethostbyname('www.zzu.edu.cn')       #返回郑州大学的 IP 地址
'202.196.64.202'
>>>socket.gethostbyname_ex('www.zzu.edu.cn')
('www.zzu.edu.cn', [], ['202.196.64.202'])
>>>socket.getservbyname('https','tcp')          #返回 https 服务所使用的端口号
443
>>>socket.getservbyname('http','tcp')
80
```

(2) 绑定 socket 对象到 IP 地址。创建服务器端 socket 对象后，必须把对象绑定到某个 IP 地址，然后客户机才可以与之连接。可以使用对象方法 bind 将 socket 绑定到指定 IP 地址上，其语法形式如下：

```
对象名.bind(address)
```

其中，address 是要绑定的 IP 地址，对应 IPv4 的地址为一个元组，即(主机名或 IP 地址，端口号)。

例如：

```
>>>s1=socket.socket()
>>>s1.bind(('localhost',8002))                  #绑定到本机 localhost 端口号 8002
>>>s2=socket.socket()
>>>s2.bind((socket.gethostname(),8003))         #绑定到本机端口号 8003
>>>s3=socket.socket()
>>>s3.bind(('127.0.0.1',8004))                  #绑定到本机 127.0.0.1 端口号 8004
```

(3) 服务器端 socket 开始侦听。创建服务器端 socket 对象并绑定到 IP 地址后，可以使用对象方法 listen 和 accept 进号侦听和接收连接，其语法形式如下：

```
对象名.listen(backlog)
```

其中，backlog 是最多连接数，至少为 1，接到连接请求后，这些请求必须排队，如果队列已满，则拒绝请求。例如：

```
>>>import socket
>>>s=socket.socket()
>>>s.bind(('localhost',8002))        #绑定到本机 localhost 端口号 8002
>>>s.listen(6)                       #开始侦听,连接队列长度为 6
```

(4) 连接和接收数据。客户机端 socket 对象通过 connect 方法尝试建立到服务器端 socket 对象的连接，其语法形式如下：

```
client_sock.connect (address)
```

其中，client_sock 连接到绑定至 address 服务器端的 socket 对象，address 是要连接的服务器端 socket 对象绑定的 IP 地址，对应 IPv4 的地址为一个元组。服务器端 socket 对象通过 accept 方法进入 waiting(阻塞)状态，接收到来自客户的请求连接时，accept 方法建立连接并返回服务器。accept 方法返回一个含有两个元素的元组(clientsocket, address)，其中，clientsocket 是新建的 socket 对象，服务器通过它与客户通信；address 为对应的 IP 地址。例如：

```
clientsocket, address =server_sock.accept()
```

(5) 发送和接收数据。对于面向连接的 TCP 通信程序，客户机和服务器建立连接后，通过 socket 对象的 send 和 recv 方法分别发送和接收数据，语法形式如下：

```
send(bytes)                  #发送数据 bytes,返回实际发送的字节数
sendall(bytes)               #发送数据 bytes,持续发送,成功则返回 None,否则出错
recv(bufsize)                #接收数据,返回接收到的数据 bytes 对象
```

其中，bytes 为字节系列：bufsize 为一次接收的数据的最大字节数。

对于非面向连接的 UDP 通信程序，客户机和服务器不需要预先建立连接，直接通过 socket 对象的 sendto 指定发送目标地址参数，recvfrom 方法返回接收的数据以及发送源地址，语法形式如下：

```
sendto(bytes, address)            #发送数据 bytes 到地址 address,返回实际发送的字节数
recvfrom(bufsize[, flags])        #接收数据,返回元组(bytes, address)
```

其中，bytes 为字节系列；address 是发送的目标地址；bufsize 为一次接收的数据的最大字节数。

**6. requests 库解析**

requests 库是一个简洁且简单的处理 HTTP 请求的第三方库，它的最大优点是程序编写过程更接近正常 URL 访问过程。requests 库建立在 Python 语言的 urllib3 库的基础上，类似这种在其他函数库之上再封装功能、提供更友好函数的方式在 Python 语言中十分常见。在 Python 生态圈里，任何人都有通过技术创新或体验创新发表意见和展示才华的机会。

requests 库支持丰富的链接访问功能，包括国际域名和 URL 获取、HTTP、长连接和

连接缓存、HTTP会话和Cookie保持、浏览器使用风格的SSL验证、基本的摘要认证、有效的键值对Cookie记录、自动解压缩、自动内容解码、文件分块上传、HTTP(S)代理功能、连接超时处理、流数据下载等。

网络爬虫和信息提交只是requests库所支持的基本功能，本节重点介绍与这两个功能相关的一些常用函数。其中，与网页请求相关的函数如下。

(1) get(url [, timeout=n])：对应HTTP的GET方式，是获取网页最常用的方法，可以增加timeout=n参数，设定每次请求超时时间为n秒。

(2) post(url, data = {'key': 'value'})：对应HTTP的POST方式，其中字典用于传递客户数据。

(3) delete(url)：对应HTTP的DELETE方式。

(4) head(url)：对应HTTP的HEAD方式。

(5) options(url)：对应HTTP的OPTIONS方式。

(6) put(url, data = {'key': 'value'})：对应HTTP的PUT方式，其中字典用于传递客户数据。

get()是获取网页最常见的方式，在调用requests.get()函数后，返回的网页内容会保存为一个Response对象，其中，get()函数的参数url链接必须采用HTTP或HTTPS方式访问。例如：

```
>>>import requests
>>>r=requests.get('http://www.zzu.edu.cn')        #使用get()方式打开郑州大学网站主页
>>>type(r)
<class 'requests.models.Response'>                #返回Response对象
```

和浏览器的交互过程一样，requests.get()代表请求过程，它返回的Requests对象代表响应。返回内容作为一个对象更便于操作，Requests对象需要用<a>.<b>形式，属性如下。

(1) status_code：HTTP请求的返回状态，整数，200表示连接成功，404表示失败。

(2) text：HTTP响应内容的字符串形式，即URL对应的页面内容。

(3) encoding：HTTP响应内容的编码方式。

(4) content：HTTP响应内容的二进制形式。

requests.get()发出HTTP请求后，需要利用status_code属性判断返回的状态，这样在处理数据之前就可以知道状态是否正常，如果请求未被响应，需要终止处理。text属性是请求的页面内容，以字符串形式展示，网页内容越多，字符串越长。encoding属性则给出了返回页面内容的编码方式，可以通过对encoding属性重新赋值的方式显示中文字符。例如：

```
>>>r=requests.get('http://www.zzu.edu.cn')
>>>r.ststus_code          #返回状态
200                       #连接成功
>>>r.text  (输出的中文是乱码,略)
>>>r.encoding             #默认的编码方式是ISO-8859-1,所以中文是乱码
```

```
'ISO-8859-1'
>>>r.encoding='utf-8'                    #更改编码方式为 UTF-8
>>>r.text  (输出正确的中文,略)
```

**7. beautifulsoup 库的使用**

(1) 概述。使用 requests 库获取 HTML 页面并将其转换成字符串后,需要进一步获取 HTML 页面格式,提取有用信息,这需要处理 HTML 和 XML 的函数库。

beautifulsoup4 库又称 Beautiful Soup 库或 bs4 库,用于解析和处理 HTML 和 XML。需要注意的是,beautifulsoup4 不是 Beautiful 库,它的最大优点是能根据 HTML 和 XML 语法建立解析树,进而高效解析其中的内容。

HTML 建立的 Web 页面一般非常复杂,除了有用的内容信息外,还包括大量用于页面格式的元素,直接解析一个 Web 网页需要深入了解 HTML 语法。beautifulsoup4 库将专业的 Web 页面格式解析部分封装成函数,提供了若干有用且便捷的处理函数。

beautifulsoup4 库采用面向对象的思想实现,简单地说,它把每个页面当作一个对象,通过<a>.<b>的方式调用对象的属性(即包含的内容),或者通过<a>.<b>()的方式调用方法(即处理函数)。

在使用 beautifulsoup4 库之前,需要进行引用,由于这个库的名字非常特殊,需要用面向对象方式组织,可以采用 from-import 的方式从库中直接引用 BeautifulSoup 类,代码如下:

```
>>>from bs4 import Beautifulsoup
```

(2) beautifulsoup4 库解析。beautifulsoup4 库中最主要的是 BeautifulSoup 类,每个实例化的对象相当于一个页面。采用 from-import 的方式导入库中的 Beautifulsoup 类后,使用 BeautifulSoup()创建一个 BeautifulSoup 对象。例如:

```
>>>import requests
>>>from bs4 import BeautifulSoup            #注意 BeautifulSoup 中的 S 是大写
>>>r=requests.get('http://www.zzu.edu.cn')
>>>r.encoding='utf-8'                       #假设没有异常出现
>>>s=BeautifulSoup(r.text)                  #s 是一个 BeautifulSoup 对象
>>>type(s)
<class 'bs4.BeautifulSoup'>
```

创建的 BeautifulSoup 对象是一个树形结构,它包含 HTML 页面中的每一个 Tag(标签)元素,如<head>、<body>等。具体来说,HTML 中的主要结构都变成了 BeautifulSoup 对象的一个属性,可以直接用<a>.<b>形式获得,其中<b>的名字采用 HTML 中标签的名字。BeautifulSoup 中常用的属性如下。

① head: HTML 页面的<head>内容。

② title: HTML 页面标题,在<head>之中,由<title>标记。

③ body: HTML 页面的<body>内容。

④ p: HTML 页面中第一个<p>内容。

⑤ strings：HTML 页面所有呈现在 Web 上的字符串，即标签的内容。

⑥ stripped_strings：HTML 页面所有呈现在 Web 上的非空格字符串。

⑦ name：字符串，标签的名字，如 div。

⑧ attrs：字典，包含了原来页面 Tag 所有的属性，如 href。

⑨ contents：列表，这个 Tag 下所有子 Tag 的内容。

⑩ string：字符串，Tag 所包围的文本，网页中真实的文字。

```
>>>s.head                                                  #输出
<head>
<meta content="text/html; charset=utf-8" http-equiv="Content-Type"/>
<meta content="郑州大学, Zhengzhou University" name="description"/>
…… (此处省略)
>>>s.title
<title>郑州大学官方网站</title>
>>>s.title
<title>郑州大学官方网站</title>
>>>s.title.string
'郑州大学官方网站'
```

由于 HTML 语法可以在标签中嵌套其他标签，所以 string 属性的返回值遵循如下原则：

① 如果标签内部没有其他标签，string 属性返回其中的内容；

② 如果标签内部还有其他标签，但只有一个标签，string 属性返标签的内容；

③ 如果标签内部有超过 1 层嵌套的标签，string 属性返回 None(空字符串)。

**【实验范例】**

**例 11.1** 获取百度首页的基本信息。

程序代码如下：

```
import requests
r =requests.get(url='http://www.baidu.com')          #最基本的 GET 请求
print(r.status_code)                                  #获取返回状态
r.encoding='utf-8'                                    #更改编码方式为 UTF-8
print(r.text)                                         #打印解码后的返回数据
```

程序运行结果如下：

```
200
(信息文字很多,略)
```

**例 11.2** 2019 年发放奖金的 CSV 格式数据如下(也可以使用 requests 获取)：

```
姓名,1月,2月,三月
张三,2020.2,2018.5,2302.5
李四,2032.4,2256.3,2124.3
王五,2012.2,2246.5,2234.8
赵六,2160.7,2228.1,2312.3
```

要求采用 Python 编程生成 Data2019.html 文件,可以用浏览器打开或发布。

```
seg1='''
<!DOCTYPE HTML>\n<html>\n<body>\n<meta charset=gb2312>
<h2 align=center>2019 年奖金表</h2>
<table border='1' align="center" width=70%>
<tr bgcolor='orange'>\n  '''
seg2 ="</tr>\n"
seg3 ="</table>\n</body>\n</html>"
def fill_data(locls):
    seg='<tr><td align="center">{}</td>\
                        <td align="center">{}</td>\
                        <td align="center">{}</td>\
                        <td align="center">{}</td></tr>\n'.format(*locls)
    return  seg
fr=open("Data2019.csv",  "r")
ls=[]
for line in fr:
    line=line.replace("\n","")
    ls.append(line.split(","))
fr.close()
fw=open("Data2019.html",  "w")
fw.write(seg1)
fw.write('<th width="25%">{}</th>\n\
                <th width="25%">{}</th>\n\
                <th width="25%">{}</th>\n\
                <th width="25%">{}</th>\n'.format(*ls[0]))
fw.write(seg2)
for i in range(len(ls)-1):
    fw.write(fill_data(ls[i+1]))
fw.write(seg3)
fw.close()
```

程序运行结果如图 1-11-1 所示。

**2019年奖金表**

| 姓名 | 1月 | 2月 | 三月 |
|---|---|---|---|
| 张三 | 2020.2 | 2018.5 | 2302.5 |
| 李四 | 2032.4 | 2256.3 | 2124.3 |
| 王五 | 2012.2 | 2246.5 | 2234.8 |
| 赵六 | 2160.7 | 2228.1 | 2312.3 |

**图 1-11-1　生成 HTML 文件**

**【实验任务】**

编写获取中国大学排名的爬虫实例,采用 requests 和 beautifulsoup4 函数库。

**【拓展训练】**

训练要求:搜索关键词自动提交。利用百度搜索提供的链接:http://www.baidu.com/s? wd=keyword,通过 requests 的 get()函数提交查询,响应结果为百度搜索结果,返回链接的标题列表。

# 实验 12

# 第三方库

**【实验目的】**

掌握 pygame、NumPy、PIL、Matplotlib 库的安装方法和基本操作。

**【相关知识】**

(1) 掌握 pygame、NumPy、PIL、Matplotlib 库的安装方法，了解 PIL 和 Pillow 的关系。

(2) 能够利用 pygame 绘制简单图形。

(3) 掌握 NumPy 对应的数组对象 ndarray 的基本操作和简单的数据分析。

(4) 熟悉 Matplotlib 数据绘图包。

**【实验范例】**

**例 12.1** 绘制一个圆形。

**提示**：使用 pygame.draw.circle()方法，该方法需要传递圆的大小、颜色和位置参数。

方法 1：

```
import pygame
import sys
pygame.init()
screencaption=pygame.display.set_caption("drawing a circle")
screen=pygame.display.set_mode([640,480])
screen.fill([255,255,255])
pygame.draw.circle(screen,[255,0,0],[100,100],50,3)
pygame.display.flip()
while True:
    for event in pygame.event.get():
        if event.type==pygame.QUIT:
            pygame.quit()
            sys.exit()
```

方法 2：

```
import pygame
from pygame.locals import *
```

```
pygame.init()
pygame.display.set_caption("drawing a circle")
screen =pygame.display.set_mode([640,480])
screen.fill((255,255,255))
color =255, 0, 0
position =100, 100
radius =50
width =3
pygame.draw.circle(screen, color, position, radius, width)
pygame.display.update()
while True:
    for event in pygame.event.get():
        if event.type in (QUIT, KEYDOWN):
            exit()
```

**例 12.2** 创建一个边界值为 1 而内部都是 0 的 5×5 数组。

方法 1：

```
import numpy as np
Z=np.ones((5, 5))
Z[1:-1, 1:-1]=0
print(Z)
```

方法 2：

```
import numpy as np
Z=np.ones((5, 5))
Z[1:4, 1:4]=0
print(Z)
```

方法 3：

```
import numpy as np
Z=np.zeros((3, 3))
Z=np.pad(Z, pad_width=1, mode='constant', constant_values=1)
print(Z)
```

**例 12.3** 绘制饼图，如图 1-12-1 所示。

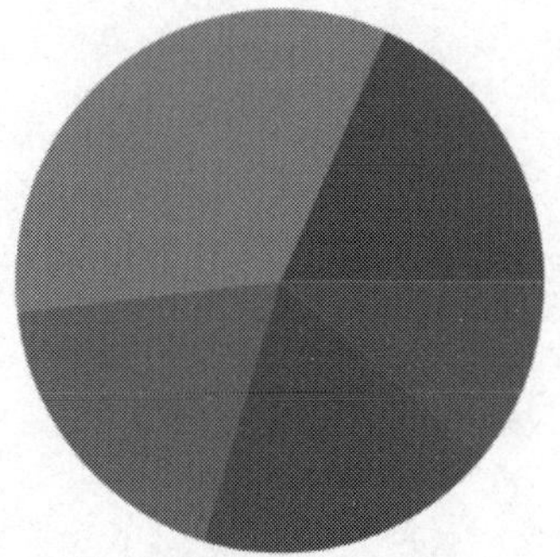

图 1-12-1 饼图

程序代码如下：

```
import matplotlib.pyplot as plt
import numpy as np
x=np.random.randint(1, 10, 5)
plt.pie(x)
plt.show()
```

**例 12.4** 绘制直方图，如图 1-12-2 所示。

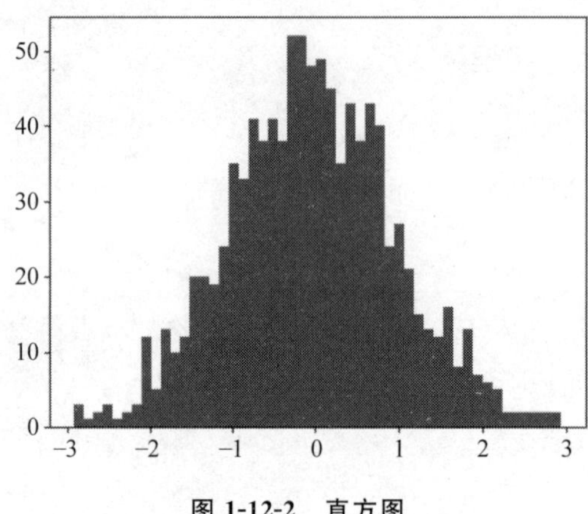


**图 1-12-2 直方图**

程序代码如下：

```
import matplotlib.pyplot as plt
import numpy as np
mean, sigma =0, 1
x=mean +sigma * np.random.randn(1000)
plt.hist(x,50)
plt.show()
```

**【实验任务】**

(1) 利用 pygame 在窗体中打印“Hello pygame!”，如图 1-12-3 所示。

程序代码如下：

```
import pygame,sys
from pygame.locals import *
white =255,255,255
blue =0,0,200
pygame.init()
screen =pygame.display.set_mode((600,500))
myfont =pygame.font.Font(None,60)
textImage =myfont.render("Hello Pygame", True, white)
while True:
    for event in pygame.event.get():
        if event.type in (QUIT, KEYDOWN):
```

```
            pygame.quit()
            sys.exit()
    screen.fill(blue)
    screen.blit(textImage, (100,100))
    pygame.display.update()
```

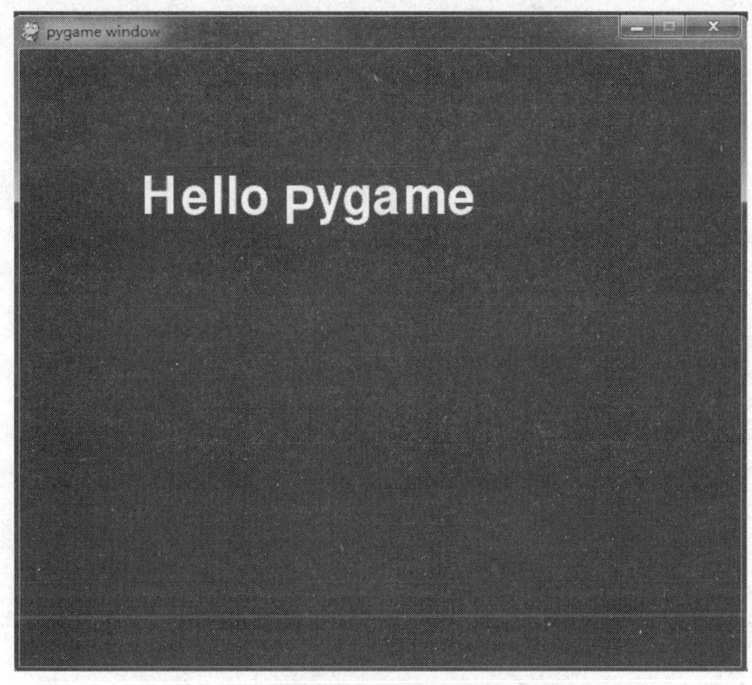


图 1-12-3 在窗体中打印“Hello pygame!”

(2) 绘制一个矩形。

程序代码如下：

```
import pygame,sys
pygame.init()                                   #模块初始化,任何 pygame 程序均需要执行此句
screencaption=pygame.display.set_caption('hello world')
                                                #定义窗口的标题为'hello world'
screen=pygame.display.set_mode([640,480])       #定义窗口大小为 640*480
screen.fill([255,255,255])                      #用白色填充窗口
color=255,0,0                                   #设置矩形填充颜色
pygame.draw.rect(screen, color, (50, 30, 150, 50), 0)   #填充
pygame.draw.rect(screen, color, (250, 30, 150, 50), 2)  #不填充
pygame.display.flip()
while True:
    for event in pygame.event.get():
        if event.type==pygame.QUIT:
            pygame.quit()
            sys.exit()
```

(3) 使用数字 0 将一个全为 1 的 5×5 二维数组包围起来,形成一个 7×7 的二维数

组，效果如下：

```
[[0. 0. 0. 0. 0. 0. 0.]
 [0. 1. 1. 1. 1. 1. 0.]
 [0. 1. 1. 1. 1. 1. 0.]
 [0. 1. 1. 1. 1. 1. 0.]
 [0. 1. 1. 1. 1. 1. 0.]
 [0. 1. 1. 1. 1. 1. 0.]
 [0. 0. 0. 0. 0. 0. 0.]]
```

程序代码如下：

```
import numpy as np
data =np.ones((7, 7))
data[[0,6],:]=0
data[:,[0,6]]=0

print(data)
```

(4) 创建一个 10×10 的二维数组，并使 1 和 0 沿对角线间隔放置，效果如下：

```
[[0, 1, 0, 1, 0, 1, 0, 1, 0, 1],
 [1, 0, 1, 0, 1, 0, 1, 0, 1, 0],
 [0, 1, 0, 1, 0, 1, 0, 1, 0, 1],
 [1, 0, 1, 0, 1, 0, 1, 0, 1, 0],
 [0, 1, 0, 1, 0, 1, 0, 1, 0, 1],
 [1, 0, 1, 0, 1, 0, 1, 0, 1, 0],
 [0, 1, 0, 1, 0, 1, 0, 1, 0, 1],
 [1, 0, 1, 0, 1, 0, 1, 0, 1, 0],
 [0, 1, 0, 1, 0, 1, 0, 1, 0, 1],
 [1, 0, 1, 0, 1, 0, 1, 0, 1, 0]]
```

程序代码如下：

```
import numpy as np
data=np.zeros((2,2),dtype=int)
data[0][1]=1
data[1][0]=1
data=np.hstack((data,data,data,data,data))
data=np.vstack((data,data,data,data,data))
print(data)
```

(5) 创建一个 5×5 的矩阵，其中每行的数值范围是 1～5，效果如下：

```
[[1 2 3 4 5]
 [1 2 3 4 5]
 [1 2 3 4 5]
 [1 2 3 4 5]
 [1 2 3 4 5]]
```

程序代码如下：

```
import numpy as np
def parser(data):
    data =data.T
    for i in range(len(data)):
        data[i] =i +1
    data =data.T
    return data
data=np.ones((5, 5), dtype=int)
data=parser(data)
print(data)
```

(6) 绘制散点图,如图 1-12-4 所示。

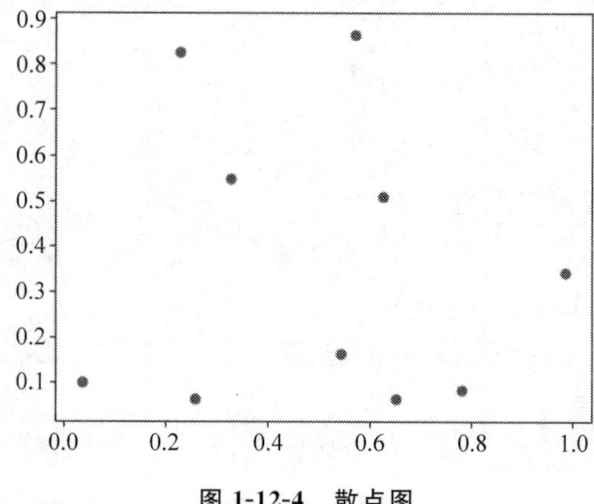

图 1-12-4　散点图

程序代码如下：

```
import matplotlib.pyplot as plt
import numpy as np
x=np.random.rand(10)
y=np.random.rand(10)
plt.scatter(x,y)
plt.show()
```

**【拓展训练】**

(1) 绘制一个可以移动的矩形,如图 1-12-5 所示。

程序代码如下：

```
import pygame,sys
from pygame.locals import *
pygame.init()
screen =pygame.display.set_mode((600,500))
pygame.display.set_caption("Drawing Rectangles")
```

```
while True:
    for event in pygame.event.get():
        if event.type in (QUIT, KEYDOWN):
            pygame.quit()
            sys.exit()
    screen.fill((0,0,200))

    #移动矩形
    pos_x +=vel_x
    pos_y +=vel_y

    #使矩形保持在窗口内
    if pos_x >500 or pos_x <0:
        vel_x =-vel_x
    if pos_y >400 or pos_y <0:
        vel_y =-vel_y

    #绘制矩形
    color =255,255,0
    width =0 #solid fill
    pos =pos_x, pos_y, 100, 100
    pygame.draw.rect(screen, color, pos, width)

    pygame.display.update()
```

图 1-12-5　一个可以移动的矩形

（2）绘制随机大小和随机线条宽度的矩形和圆，如图 1-12-6 所示。

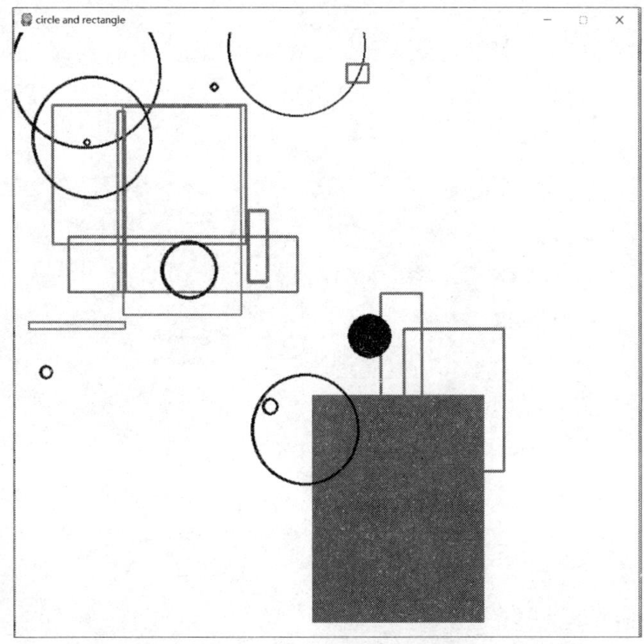


图 1-12-6　随机大小和随机线条宽度的矩形和圆

程序代码如下：

```
import numpy as np
import matplotlib.pyplot as plt

import pygame,sys
import time
import random

pygame.init()
screencaption=pygame.display.set_caption('hello world')
screen=pygame.display.set_mode([800,800])
screen.fill([255,255,255])
for i in range(10):
    zhijing=random.randint(5,100)
    width=random.randint(5,300)
    height=random.randint(5,300)
    top=random.randint(0,500)
    left=random.randint(0,500)
    linewidth=random.randint(0,5)
    pygame.draw.circle(screen,[0,0,0],[top,left],zhijing,linewidth)
    pygame.draw.rect(screen,[255,0,0],[left,top,width,height],linewidth)
pygame.display.flip()
while True:
    for event in pygame.event.get():
```

```
        if event.type==pygame.QUIT:
            pygame.quit()
            sys.exit()
```

(3) 计算 $A^2+B^2$,其中 $A$ 和 $B$ 是 1×5 数组。

方法 1：

```
def pysum():
    a=[0, 1, 2, 3, 4,]
    b=[9, 8, 7, 6, 5,]
    c=[]
    for i in range(len(a)):
        c.append(a[i]**2+b[i]**2)
    return c
print(pysum())
```

方法 2：

```
import numpy as np
def npsum():
    a=np.array([0, 1, 2, 3, 4,])
    b=np.array([9, 8, 7, 6, 5,])
    c=a**2+b**2
    return c
print(npsum())
```

(4) 归一化一个随机的 5×5 矩阵。

程序代码如下：

```
import numpy as np
Z=np.random.random((5, 5))
Zmax, Zmin=Z.max(), Z.min()
Z=(Z-Zmin)/(Zmax-Zmin)
print(Z)
```

(5) 创建一个长度为 5 的一维数组,并将其中的最大值替换成 0。

程序代码如下：

```
import numpy as np
data=np.arange(5)
data[np.argmax(data)]=0
print(data)
```

(6) 将二维数组的前两行进行交换,效果如下。

交换前：

```
[[ 0 1 2 3 4]
[ 5 6 7 8 9]
[10 11 12 13 14]
```

```
[15 16 17 18 19]
[20 21 22 23 24]]
```

交换后：

```
[[ 5 6 7 8 9]
[ 0 1 2 3 4]
[10 11 12 13 14]
[15 16 17 18 19]
[20 21 22 23 24]]
```

程序代码如下：

```
import numpy as np
data=np.arange(25).reshape((5,5))
print('交换前:\n',data)
data[[0,1],:]=data[[1,0],:]
print('交换后:\n',data)
```

(7) 绘制 sin($x$)的折线图，如图 1-12-7 所示。

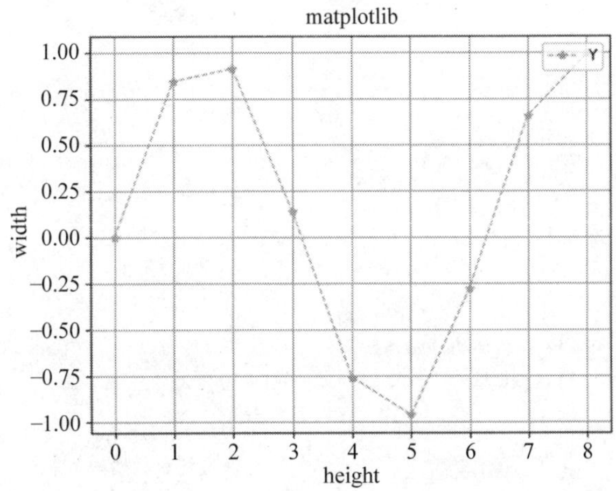


**图 1-12-7　sin($x$)的折线图**

程序代码如下：

```
import matplotlib.pyplot as plt
import numpy as np
x=np.arange(9)
y=np.sin(x)
#marker 数据点样式,linewidth 线宽,linestyle 线型样式,color 颜色
plt.plot(x, y, marker="*", linewidth=3, linestyle="--", color="orange")
plt.title("matplotlib")
plt.xlabel("height")
plt.ylabel("width")
#设置图例
```

```
plt.legend(["Y"], loc="upper right")
plt.grid(True)
plt.show()
```

(8) 利用 Matplotlib 库绘制正弦和余弦曲线,如图 1-12-8 所示。

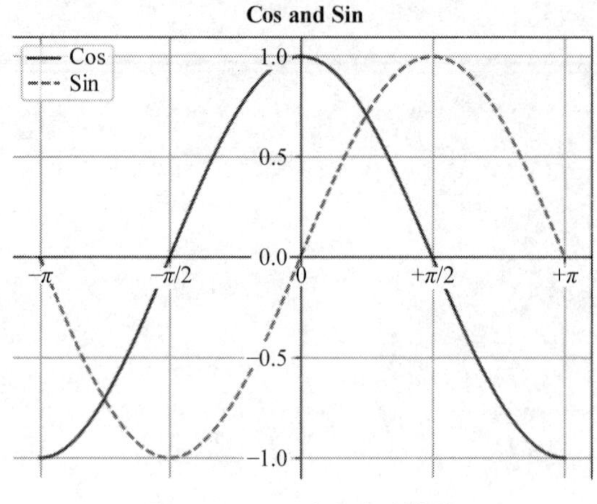


图 1-12-8 正弦和余弦曲线

程序代码如下:

```
import numpy as np
import matplotlib.pyplot as plt
#line
x=np.linspace(-np.pi,np.pi,256,endpoint=True)
#定义余弦函数、正弦函数
c,s=np.cos(x),np.sin(x)
plt.figure(1)
#画图,以 x 为横坐标,以 c 为纵坐标
plt.plot(x,c,"b",linestyle="-",label="COS")
plt.plot(x,s,"r",linestyle="--",label="SIN")
#增加标题
plt.title("Cos and Sin")
ax=plt.gca()
ax.spines["left"].set_position(("data",0))
ax.spines["bottom"].set_position(("data",0))
ax.xaxis.set_ticks_position("bottom")
ax.yaxis.set_ticks_position("left")
plt.xticks([-np.pi,-np.pi/2,0,np.pi/2,np.pi],
[r'$-\pi$',r'$-\pi/2$',r'$0$',r'$+\pi/2$',r'$+\pi$'])
plt.yticks(np.linspace(-1,1,5,endpoint=True))
for label in ax.get_xticklabels()+ax.get_yticklabels():
    label.set_fontsize(12)
    label.set_bbox(dict(facecolor="white",edgecolor="None",alpha=0.2))
#图例显示
```

```
plt.legend(loc="upper left")
#显示网格
plt.grid()
plt.show()
```

(9) 利用 Matplotlib 库中的 subplot 函数在 plotNum 指定的区域中绘制 3 个子图，如图 1-12-9 所示。

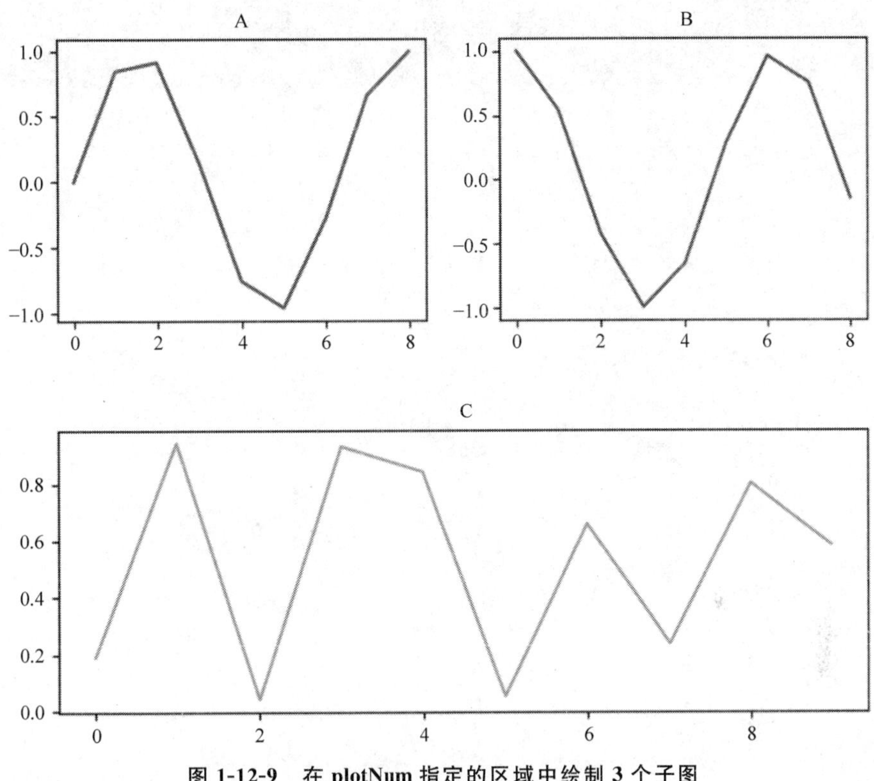


图 1-12-9　在 plotNum 指定的区域中绘制 3 个子图

**提示**：subplot()函数的语法格式如下：

```
subplot(numRows, numCols, plotNum)
```

一个 Figure 对象可以包含多个子图 Axes，subplot 将整个绘图区域等分为 numRows 行×numCols 列个子区域，按照从左到右，从上到下的顺序对每个子区域进行编号。

程序代码如下：

```
import matplotlib.pyplot as plt
import numpy as np
#figsize 为绘图对象的宽度和高度,单位为英寸
#dpi 为绘图对象的分辨率,即每英寸多少个像素,默认值为 80
plt.figure(figsize=(8,6),dpi=100)
x=np.arange(9)
y=np.sin(x)
z=np.cos(x)
```

```
A=plt.subplot(2,2,1)
plt.title("A")
plt.plot(x,y, color="red")
plt.subplot(2,2,2)
plt.title("B")
plt.plot(x,z, color="green")
plt.subplot(2,1,2)
plt.title("C")
plt.plot(np.arange(10), np.random.rand(10), color="orange")
plt.show()
```

# 第二部分

# 习 题 解 答

# 第1章 Python概述

## 一、简答题

1. 简述Python的主要特点。

**【答案】** Python语言具有以下优势。

(1) Python语言简洁、紧凑，压缩了一切不必要的语言成分。

(2) Python语言强制程序缩进，使程序具有很好的可读性，也有利于程序员养成良好的程序设计习惯。

(3) Python是自由/开放软件(Free/Libre and Open Source Software，FLOSS)之一。使用者可以自由地发布这个软件的副本、阅读其源代码，可以对其进行改动，将其中的一部分用于新的自由软件中。

(4) Python是跨平台语言，可移植到多种操作系统，只要避免使用依赖特定操作系统的特性，Python程序不需要修改就可以在各种平台上运行。

(5) Python既可以支持面向过程的编程，也可以支持面向对象的编程。

(6) Python的库非常丰富，除了标准库以外，还有许多高质量的第三方库，而且几乎都是开源的。

(7) Python拥有一个积极、健康且能够提供强力支持的社区。该社区由一群希望看到一个更加优秀的Python的人群组成。

2. 简述Python语言的应用领域。

**【答案】** Python语言被广泛应用于各个领域，常用的应用领域如下。

(1) 系统编程。Python提供应用程序编程接口(Application Programming Interface，API)，能够进行系统的维护和开发。Python程序可以访问系统目录和文件，可以运行其他程序，也可以对程序进程和线程执行并行处理等。

(2) GUI(Graphical User Interface，图形用户界面)编程。使用Python可以简单、快捷地实现GUI程序。Python内置了tkinter的标准面向对象接口TK GUI API。应用TK GUI API实现的Python GUI程序，不需要做任何改变就可以运行在Windows、X Window(UNIX和Linux)和Mac OS等多种操作系统上。

(3) 数据库编程。Python语言提供了对目前主流数据库系统的支持,包括Microsoft SQL Server、Oracle、Sybase、DB2、MySQL、SQLite等。Python还自带一个Gadfly模块,提供了一个完整的SQL(Structured Query Language)环境。

(4) Internet支持。Python提供了标准Internet模块,可用于实现各种网络任务。Python脚本可以通过套接字(Socket)进行网络通信;可编写服务器CGI(Common Gateuay Interface)脚本处理客户端表单信息;可以通过FTP(File Transfer Protocol)传输文件;可以生成、解析和分析XML文件;可以处理E-mail;可通过URL获取网页;可以从网页中解析HTML和XML;可以通过XML-PRC、SOAP和Telnet通信。Python也可用第三方工具进行Web应用开发。

(5) 游戏、图像、人工智能、机器人等其他领域。

- 使用pygame扩展包进行图形和游戏应用开发。
- 使用Pyserial扩展包在Windows、Linux或其他操作系统上开发串口通信应用。
- 使用PIL、PyOpenGL、Blender、Maya和其他扩展包开发图形或3D应用。
- 使用PyRo扩展包开发机器人控制程序。
- 使用Py Brain扩展包开发人工智能应用。
- 使用NLTK扩展包开发自然语言分析应用。

3. 简述下载和安装Python软件的主要步骤。

**【答案】**

(1) 下载步骤:打开Python官网https://www.python.org/,选择Download菜单下Windows选项,然后在网页中选择具体的Python版本:Windows x86 executable installer和Windows x86-64 executable installer。

这两个文件中,Windows x86 executable installer为32位的安装包,Windows x86-64 executable installer为64位的安装包,此时应根据安装者计算机的位数来选择,两者仅在适用的计算机位数上有区别,其他功能均相同。

(2) 安装步骤:双击安装文件python-3.7.2rc1.exe,进入Python程序安装界面,选中Add Python to PATH复选框。此外,如果不想为所有用户安装Python,也可以取消选择Install launcher for all users(recommended)复选框。随后,单击Customize installation进行自定义安装。

此时,可以选中pip与tcl/tk and IDLE复选框。pip工具可以方便模块安装,IDLE则为默认的Python编辑器。其他选项可以根据需要进行选择,以节省安装时间。随后单击Next按钮,设置Python的安装位置。

在界面中,可以设置Python的安装位置。例如,可以将路径设置在D盘Python下的文件夹中。然后,单击Install按钮,进入进度安装界面。

进度条加载完毕,显示安装成功,单击Close按钮,关闭安装向导。

(3) 运行cmd.exe,验证Python是否安装成功。运行"python -- version",显示Python的版本,表示安装成功。

4. 简述Python 2.x与Python 3.x版本之间的区别。

**【答案】** 2010年,Python 2.x系列发布了最后一个版本,其主版本号为2.7。同时,Python维护者们声称不在Python 2.x系列中继续进行主版本号升级。至此,Python 2.x系列已经完成了它的使命,将逐步退出历史舞台。

2008 年，Python 3. x 系列的第一个主版本发布，其主版本号为 3. 0，并作为 Python 语言持续维护的主要系列。该系列在 2012 年推出 3. 3 版本，2014 年推出 3. 4 版本，2015 年推出 3. 5 版本，2016 年推出 3. 6 版本。Python 3. 7. 0 版本已经于美国时间 2018 年 6 月 27 日发布。

目前，主要的 Python 标准库更新只针对 3. x 系列。Python 3. x 是 Python 语言的一次重大升级，它不完全向下兼容 Python2. x 系列程序。

对于初次接触 Python 语言的读者，建议学习 Python 3. x 系列版本。

5. 如何打开 Python 的帮助系统？

**【答案】** 使用 Python 交互式帮助系统，选择 Windows 操作系统的"开始"|Python 3. 7|Python 3. 7(3-bit)选项，打开 Python 解释器交互窗口。直接输入 help()函数，按回车键，进入交互式帮助系统，如图 2-1-1 所示。输入 quit，按回车键，退出帮助系统。

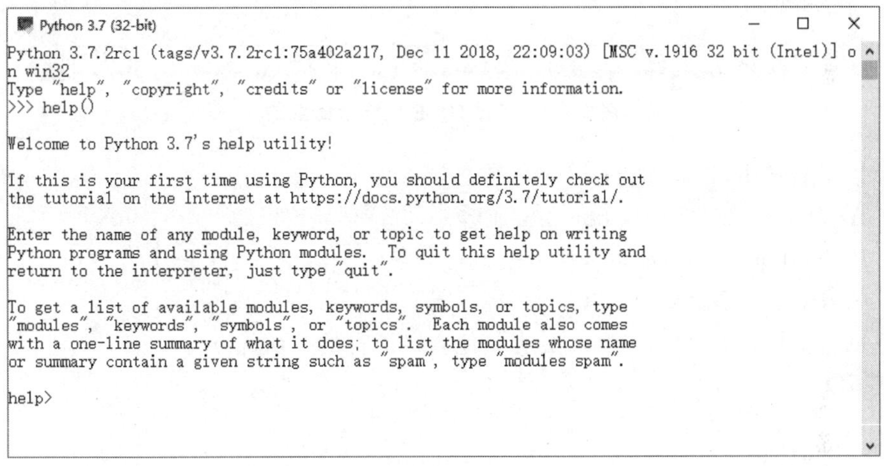


**图 2-1-1　通过命令行方式显示帮助系统**

也可以运行 Python 内置集成开发环境 IDLE。选择"开始"|Python 3. 7|IDLE (Python 3. 7 64-bit)选项，打开 Python 内置集成开发环境 IDLE 窗口，输入 help()函数，按回车键，进入交互式帮助系统，如图 2-1-2 所示。选择 File|Exit 命令、按 Ctrl+Q 组合键或单击 IDLE 窗口的"关闭"按钮，即可退出帮助系统。

**二、选择题**

1. Python 语言属于(　　)。

A. 机器语言　　B. 汇编语言　　C. 高级语言　　D. 科学计算语言

**【答案】** C

2. 下列各项中，不属于 Python 特性的是(　　)。

A. 简单易学　　B. 开源的、免费的

C. 属于低级语言　　D. 高可移植性

**【答案】** C

3. Python 的默认脚本文件的扩展名为(　　)。

A. . python　　B. . py　　C. . p　　D. . pyth

**【答案】** B

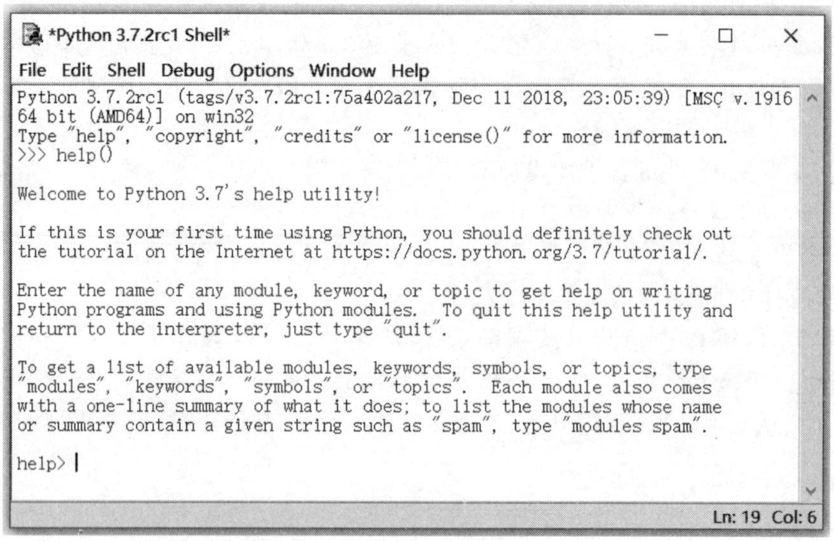

```
*Python 3.7.2rc1 Shell*
File Edit Shell Debug Options Window Help
Python 3.7.2rc1 (tags/v3.7.2rc1:75a402a217, Dec 11 2018, 23:05:39) [MSC v.1916
64 bit (AMD64)] on win32
Type "help", "copyright", "credits" or "license()" for more information.
>>> help()

Welcome to Python 3.7's help utility!

If this is your first time using Python, you should definitely check out
the tutorial on the Internet at https://docs.python.org/3.7/tutorial/.

Enter the name of any module, keyword, or topic to get help on writing
Python programs and using Python modules.  To quit this help utility and
return to the interpreter, just type "quit".

To get a list of available modules, keywords, symbols, or topics, type
"modules", "keywords", "symbols", or "topics".  Each module also comes
with a one-line summary of what it does; to list the modules whose name
or summary contain a given string such as "spam", type "modules spam".

help> |
Ln: 19 Col: 6
```

图 2-1-2 通过 IDLE 运行帮助系统

4. 以下叙述中,正确的是(　　)。

A. Python 3.x 与 Python 2.x 兼容

B. Python 语句只能以程序方式执行

C. Python 是解释型语言

D. Python 语言出现得晚,具有其他高级语言的一切优点

**【答案】** C

5. 执行下列语句后,显示结果是(　　)。

```
word="world"
print("hello"+word)
```

A. helloworld　　　　B. "hello"world

C. hello world　　　　D. 语法错误,窗口关闭

**【答案】** A

**三、填空题**

1. Python 安装扩展库的常用工具是________。

**【答案】** pip

2. Python 程序文件的扩展名是________。

**【答案】** py

3. 在 IDLE 交互模式中浏览上一条语句的组合键是________。

**【答案】** Alt+P

4. 显示 Python 对应版本的指令是________。

**【答案】** python --version

5. Python 是一种面向________的高级语言。

**【答案】** 对象

**四、编程题**

1. 编写程序，将整数 10 转换为十六进制数输出。

程序代码如下：

```
num=10
print('%#x'%num)
```

2. 编写程序，将字符串"abcd"中的所有字符以 ASCII 码形式(十进制数)输出。

程序代码如下：

```
arr='abcd'
for i in arr:
    print('%d'%ord(i))
```

# 第2章 基本数据类型

一、简答题

1. 简述什么是变量。

**【答案】** 对 Python 而言,变量存储的只是一个变量的值所在的内存地址,而不是这个变量本身的值,这个地址指向变量的值。

2. 简述 Python 中标识符的命名规则。

**【答案】** 在 Python 语言中,变量名、函数名、模块名、类名等都是标识符,其命名规则如下:

(1) 标识符由字母、数字和下画线组成,且第一个字符必须是字母或下画线,不能是数字。

(2) Python 标识符区分大小写,也就是说 name 与 Name 是两个不同的变量,标识符的长度不限。

(3) 具有特殊功能的标识符称为关键字。不能使用诸如 False 和 and 等关键字作为标识符。

3. 简述 Python 中的数字类型。

**【答案】** (1) 整型:整型数是指不带小数点的数字,分为正整数或负整数,一般的整数常量用十进制(decimal)来表示,Python 还允许将整数常量表示为二进制(binary)、八进制(octal)和十六进制(hexadecimal),分别在数字前面加上 0b(或 0B)、0o(或 0O)、0x(或 0X)前缀来指定进位制即可。

(2) 浮点型:浮点型用于表示浮点数。带有小数点的数值都会被视为浮点数,除了一般的小数点表示形式外,也可以使用科学记数法的格式以指数来表示。Python 中的科学记数法表示的格式如下:＜实数＞E 或者 e＜±整数＞。

(3) 布尔型:布尔型只有两个值:True 与 False(第一个字母必须大写),分别用于表示逻辑真和逻辑假。用于计算时,布尔值也可以当成数值来运算,True 对应整数 1,False 对应整数 0。

(4) 复数型:复数型用于表示数学中的复数。复数常量表示为"实部+虚部"的形式,虚部以 j 或 J 结尾,实部和虚部都是浮点型,而且必须有表示虚部的浮点数和 j(或 J),即使虚部的浮点数部分是 1 也不能省略。

4. 描述 Python 中的运算符。

【答案】 Python 语言定义的运算符有以下几种。

(1) 算数运算符：+、-、*、**、/、//、%。

(2) 赋值运算符：=、+=、-=、*=、**=、/=、//=、%=。

(3) 关系运算符：==、!=、>、<、>=、<=。

(4) 逻辑运算符：and、or、not。

5. 简述 Python 中的类型转换方式，以及各种类型之间是如何进行转换的。

【答案】 不同类型的数字之间需要借助一些函数进行转换，这些函数的函数名即数据类型的名称。常见的数字类型转换函数示例代码如下：

```
>>>x=1.34
>>>int(x)            #int 函数将浮点数转换为整数
1
>>>y=100
>>>float(y)          #float 函数将整数转换为浮点数
100.0
>>>complex(5.7)      #complex 函数创建一个复数
(5.7+0j)
```

6. 简述 Python 的输入和输出函数。

【答案】 (1) input 输入函数。input 函数用于获取用户的输入数据，该函数可以指定提示文字，用户输入的数据则存储在指定的变量中，其基本格式如下：

```
变量=input("提示字符串")
```

(2) print 输出函数。

① print 函数的基本格式如下：

```
print([object1,…][, sep=' '][, end='\n'])
```

② 用"%字符"格式化输出的格式如下：

```
print("格式化文本"%(变量 1, 变量 2,…,变量 n))
```

③ 搭配 format 函数进行格式化输出。

**二、选择题**

1. 下列各项中，属于合法变量名的是(　　)。

A. 1_XYZ#　　B. x 1　　C. for　　D. name_school

【答案】 D

2. 下列各项中，属于合法的整常数的是(　　)。

A. 12300　　B. &O187　　C. &H1AK　　D. &B121110

【答案】 A

3. 表达式 2**3-5//3-False+True 的值是(　　)。

A. 10　　B. 8　　C. 7　　D. 6

【答案】 B

4. 下列数据类型中,Python 不支持的是(　　)。

A. int　　B. float　　C. char　　D. complex

【答案】 C

5. 表达式 len(range(1, 10)) 的值为(　　)。

A. 9　　B. 10　　C. 11　　D. 12

【答案】 A

6. Python 语句中 print(chr(97))的运行结果是(　　)。

A. 97　　B. A　　C. a　　D. 65

【答案】 C

7. 在 Python 中,正确的赋值语句为(　　)。

A. x+y=10+20　　B. x=x-5y　　C. 8x=100　　D. y+1=y

【答案】 B

8. 已知 $x=5$;$y=9$,执行复合赋值语句 x*=y-5 后,x 变量中的值是(　　)。

A. 40　　B. 4　　C. 50　　D. 20

【答案】 D

9. 与数学表达式$\frac{de}{3abc}$对应的 Python 表达式中,不正确的是(　　)。

A. d*e/(3*a*b*c)　　B. d/3*e/a/b/c

C. d*e/3*a*b*c　　D. d*e/3/a/b/c

【答案】 C

10. 下列关于 Python 中的复数的说法中,正确的是(　　)。

A. 虚部必须添加后缀 j 或 J

B. 实部和虚部可以不是浮点数

C. 一个复数可以没有虚部的实数和 j

D. 虚数的实数部分是 1 可以省略

【答案】 A

**三、填空题**

1. Python 的 4 种内置的数字类型为________、________、________和________。

【答案】 整型、浮点型、布尔型、复数型

2. 布尔型的值包括________和________。

【答案】 True、False

3. 若 $a=3$,$b=5$,那么(a or b)的值为________,(a and b)的值为________。

【答案】 3、5

4. Python 表达式 int('110', 2) 的值为________。

【答案】 6

5. 已知 $x=2$,执行语句 x**=5 之后,x 的值为________。

【答案】 32

6. 16.34E-3 表示的是________。

【答案】 $16.34\times10^{-3}$

7. Python 表达式 not 3>2>6+8 的执行结果为________。

【答案】 True

8. Python 标准库 math 中,用来计算 $x$ 的 $y$ 次方的函数是________。

【答案】 pow($x$,$y$)

9. Python 语句 print(100,200,300,sep=';')的执行结果为________。

【答案】 100;200;300

10. 表达式 chr(ord('B')+32)的值为________。

【答案】 b

**四、编程题**

1. 编写程序,从键盘输入一个整数,输出这个整数的平方、平方根、立方、立方根,每个数保留两位小数。

程序代码如下:

```
import math
x=eval(input('请输入一个整数: '))
print("%d的平方为: %d"%(x,x**2))
print("%d的平方根为: %.2f"%(x,math.sqrt(x)))
print("%d的立方为: %d"%(x,x**3))
print("%d的立方根为: %.2f"%(x,x**(1/3)))
```

程序运行结果如下:

```
请输入一个整数: 9
9的平方为: 81
9的平方根为: 3.00
9的立方为: 729
9的立方根为: 2.08
```

2. 编写程序,计算 30°的正弦值和余弦值并输出。

程序代码如下:

```
import math
x=30*3.14/180
s=math.sin(x)
c=math.cos(x)
print("30度的正弦值为: %f"%s)
print("30度的余弦值为: %f"%c)
```

程序运行结果如下:

```
30度的正弦值为: 0.499770
30度的余弦值为: 0.866158
```

3. 编写程序,计算并输出某个学生的语文、数学、英语三门功课的总分和平均分(结果保留1位小数)。

程序代码如下:

```
yu=eval(input('请输入语文成绩:'))
shu=eval(input('请输入数学成绩:'))
ying=eval(input('请输入英语成绩:'))
total=yu+shu+ying
aver=total/3
print("语数英三科总分为:%.1f"%total)
print("语数英三科平均分为:%.1f"%aver)
```

程序运行结果如下:

```
请输入语文成绩:98.5
请输入数学成绩:85
请输入英语成绩:73.5
语数英三科总分为:257.0
语数英三科平均分为:85.7
```

4. 编写程序,输入球的半径,计算球的体积,结果保留1位小数。$\left(球的体积公式为 V=\frac{4}{3}\pi r^3\right)$

程序代码如下:

```
r=eval(input('请输入球的半径:'))
pi=3.14
V=4/3*pi*r**3
print('此球的体积为:%.1f'%tj)
```

程序运行结果如下:

```
请输入球的半径:2.3
此球的体积为:50.9
```

5. 编写程序,从键盘输入一个大写字母,然后输出该大写字母对应的小写字母。

程序代码如下:

```
x=input('请输入一个大写字母:')
y=ord(x)+32
print('%s的小写字母为:%s'%(x,chr(y)))
```

程序运行结果如下:

```
请输入一个大写字母:A
A的小写字母为:a
```

# 第3章 选择结构

## 一、简答题

1. 简述选择结构的种类。

**【答案】** Python 中常见的选择结构有三种：单分支结构、双分支结构和多分支结构。

2. 简述 if、if…else 和 if…elif…else 语句的语法格式和使用时的区别。

**【答案】** 语法格式。

单分支：

```
if 条件:
    条件成立时执行的语句块
```

双分支：

```
if 条件:
    条件成立时执行的语句块
else:
    条件不成立时执行的语句块
```

多分支：

```
if 条件 1:
    条件 1 成立时执行的语句块
elif 条件 2:
    条件 2 成立时执行的语句块
elif 条件 3:
    条件 3 成立时执行的语句块
else:
    以上条件都不成立,执行此处语句块
```

区别：if、elif 都需要写条件，else 不需要写条件；if 可单独使用，else、elif 需要和 if 一起使用。

3. 什么情况下条件表达式会认为结果是 False?

**【答案】** 在选择结构中，条件表达式的值只要是 0 或 0.0、空值 None、空列表、空元组、空集合、空字典、空字符串、空 range 对象或其他空迭代对象，

Python解释器均认为是False。

4. Python的多分支选择结构中，多个elif分支随意调整位置会有什么后果？

**【答案】** 如果elif后的条件表达式不变，但随意调整各分支位置，会造成条件判断的混乱，如果不加注意，某些值就会被过滤掉，造成逻辑错误。

5. 当多分支选择结构中有多个表达式条件同时满足时，则每个与之匹配的语句块都被执行，这种说法是否正确？

**【答案】** 不正确。多分支if语句有多个elif为条件分支，当满足多个elif中的条件时，仅执行首次匹配成功的elif中的语句，虽然后面elif中的条件也满足，但都不被执行。

**二、选择题**

1. 可以用来判断某语句是否在分支结构的语句块内的是（　　）。

A. 缩进　　B. 括号　　C. 逗号　　D. 分号

**【答案】** A

2. 以下各项中，不是选择结构里的保留字是（　　）。

A. if　　B. elif　　C. else　　D. elseif

**【答案】** D

3. 以下条件选项中，合法且在if中判断是False的是（　　）。

A. 24<=28&&28>25　　B. 24<28>25

C. 35<=45<75　　D. 24<=28<25

**【答案】** D

4. 以下针对选择结构的描述中，错误的是（　　）。

A. 每个if条件后或else后都要使用冒号

B. 在Python中，没有select…case语句

C. Python中的pass是空语句，一般用作占位语句

D. elif可以单独使用，也可以写为elseif

**【答案】** D

5. Python中，（　　）是一种更简洁的双分支选择结构。

A. '合格' if fen>=60 else '淘汰'

B. if fen>=60 '合格'else '淘汰'

C. if fen>=60：'合格'：'淘汰'

D. if fen>=60：'合格' elseif '淘汰'

**【答案】** A

**三、填空题**

1. Python中，用于表示逻辑与、逻辑或、逻辑非运算的关键字分别是________、________和________。

**【答案】** and、or、not

2. 表达式1 if 2>3 else (4 if 5>6 else 7)的值为________。

**【答案】** 7

3. if…else双分支选择结构中，else与if语句后面必须有________符号。

**【答案】** 冒号

4. Python中，表示条件真或假的两个关键字是________和________。

**【答案】** True、False

5. 算术运算符、关系运算符、逻辑运算符中优先级最高的是________。

**【答案】** 算术运算符

**四、编程题**

1. 由键盘输入3个整数，请利用分支选择结构语句编程，输出其中最大的数。

程序代码如下：

```
n1,n2,n3 =eval(input("随意输入三个整数:"))
if(n1>n2):
    max=n1
else:
    max=n2
if(n3>max):
    max=n3
print(n1,n2,n3)
print("最大数是: ",max)
```

2. 编程查询某日汽车限行的车牌号。限行规则为工作日每天限行两个号：车牌尾数为1和6的机动车周一限行；车牌尾数为2和7的周二限行；车牌尾数为3和8的周三限行；车牌尾数为4和9的周四限行；车牌尾数为5和0的周五限行。请输入星期几的代号(1～7)，输出相应的限行车牌。

程序代码如下：

```
w =int(input("请选择分别代表周一到周日的数字 1-7: "))
if w ==6 or w ==7:
    print("周末,车牌不限行")
elif w ==1 :
    print("周一限行车牌尾号是 1、6 的机动车")
elif w ==2 :
    print("周二限行车牌尾号是 2、7 的机动车")
elif w ==3 :
    print("周三限行车牌尾号是 3、8 的机动车")
elif w ==4 :
    print("周四限行车牌尾号是 4、9 的机动车")
elif w ==5 :
    print("周五限行车牌尾号是 5、0 的机动车")
else:
    print("输入错误")
```

3. 按照联合国公布的人类年龄划分标准，人的一生分为五个年龄段：未成年人(0～17岁)、青年人(18～65岁)、中年人(66～79岁)、老年人(80～99岁)、长寿老人(100岁以上)。编写程序，根据输入的实际年龄，判断该年龄属于哪个人生阶段。

程序代码如下：

```
age=int(input("请输入您的年龄："))
if age >=100 :
    grade="长寿老人"
elif age >=80 :
    grade="老年人"
elif age >=66 :
    grade="中年人"
elif age >=18 :
    grade="青年人"
else:
    grade="未成年人"
print("您所处的年龄段为：", grade)
```

4. 编写程序，输入三角形的三条边长，如果能构成三角形，则判断是等腰、等边、直角三角形，还是一般三角形。

程序代码如下：

```
a,b,c=eval(input("输入三条边长 a,b,c 的值:"))
if (a+b>c) and (a+c>b) and (b+c>a):
    if a==b==c:
        print("构成等边三角形。")
    elif (a==b or a==c or b==c):
        print("构成等腰三角形。")
    elif (a*a+b*b==c*c) or (a*a+c*c==b*b) or (b*b+c*c==a*a):
        print("构成直角三角形。")
    else:
        print("属于不规则三角形。")
else:
    print("无法构成三角形。")
```

5. 某汽车运输公司开展整车货运优惠活动，货运收费根据各车型货运里程的不同而定，其中一款货车的收费标准如下，编程实现自动计算运费问题。

(1) 距离在 100km 以内：只收基本运费 1000 元。

(2) 距离为 100～500km：除基本运费外，超过 100km 的部分，运费为 3.5 元/千米。

(3) 距离超过 500km：除基本运费外，超过 100km 的部分，运费为 5 元/千米。

程序代码如下：

```
s =eval(input("请输入运输的千米数："))
if s<=100:
    yunfei=1000
elif s>100 and s<=500:
    yunfei =1000+(s -100)*3.5
elif s>500:
    yunfei=1000+(s -100)*5
print("千米数=",s,"货运费=",yunfei)
```

# 第4章 循环结构

一、简答题

1. Python 中的循环语句有哪些？写出各循环语句的格式。

**【答案】** Python 中的循环语句有 while 循环、for 循环两大类。

while 循环结构的语法格式如下：

```
while 表达式:
    循环体语句块
```

while 循环还有一种使用保留字 else 的扩展模式，其格式如下：

```
while 表达式:
    语句块 1
else:
    语句块 2
```

for 循环结构的语法格式如下（也可以使用 else 的扩展模式）：

```
for 循环变量 in 遍历结构:
    循环体语句块
```

2. 什么情况下要使用循环语句？

**【答案】** 在实际问题中有许多具有规律性的重复操作，需要在程序中重复执行某些语句，这时就需要使用循环语句。

3. 循环结构中的死循环是什么？是怎样造成的？应如何中止？

**【答案】** 在编程中，一个无法靠自身的控制中止的循环称为死循环。例如，语句“while True：printf(" * ");”就是一个死循环，运行该语句后将无休止地打印 * 号。出现死循环的原因主要是给了一个恒为“真”的循环条件。Python 中遇到死循环，可以按 Ctrl+C 组合键来中止。

4. 循环嵌套结构里，不同层次的循环可以使用相同的循环控制变量吗？

**【答案】** 不能。

5. 循环控制保留字 break 和 continue 有什么区别？

【答案】 break 语句将跳出当前语句所在的循环体，使循环结束，如果有循环嵌套且 break 在内层循环，那么只能跳出所在的内层循环，不会跳出外层循环。continue 语句用来跳过当轮循环中剩下的语句，然后进行下一轮循环，并不是跳出所在的循环体。

二、选择题

1. 下列各项中，可以终结一个循环体的保留字是（　　）。

A. exit　　B. if　　C. break　　D. continue

【答案】 C

2. 下列针对 while 的描述中，不正确的是（　　）。

A. while 可提高程序的复用性

B. while 能够实现无限循环

C. while 循环体里的语句可能会造成死循环

D. while 循环必须提供循环次数

【答案】 D

3. 如果执行 for i in range(0,10,2)语句，则循环体执行次数是（　　）。

A. 3　　B. 4　　C. 5　　D. 6

【答案】 C

4. 下列组合键中，能够中断 Python 程序运行的是（　　）。

A. F6　　B. Ctrl＋C　　C. Ctrl＋Break　　D. Ctrl＋Q

【答案】 B

5. 关于 Python 循环结构，以下选项中描述错误的是（　　）。

A. 每个 continue 语句只能跳出当前层次的循环

B. break 用来跳出所在层 for 或者 while 循环

C. 遍历循环 for 中的遍历结构可以是字符串、文件和 range()函数等

D. 通过 for、while 等保留字提供遍历循环和无限循环结构

【答案】 A

三、填空题

1. 对于带有 else 子句的 while 循环语句，如果是因为循环条件不满足而自然结束的循环，则 else 子句中的代码________。

【答案】 被执行

2. while 循环结构中，可以通过设置条件表达式永远为________来实现无限循环。

【答案】 真

3. 在循环语句中，循环控制保留字________的作用是提前进入下一轮循环。

【答案】 continue

4. 语句 for i in range(1,10,3)：print(i,end=',')的输出结果为________。

【答案】 1,4,7,

5. ________ 语句是 else 语句和 if 语句的组合。

【答案】 elif

**四、编程题**

1. 编程计算数列 1!+2!+3!+…+10!的结果。

方法 1：使用 while 循环来计算。

程序代码如下：

```
t , sum,i=1,0,1
while i<=10:
    t=t*i
    sum =sum +t
    i=i+1
print(sum)
```

方法 2：使用 for 循环嵌套来计算。

程序代码如下：

```
s=0
for i in range(1,11):
    t=1
    for j in range(1,i+1):
        t=t*j
    s=s+t
print(s)
```

方法 3：使用递归函数调用阶乘方法来计算。

程序代码如下：

```
def jiecheng(n):
    if n==1:
        return 1
    else:
        return n*jiecheng(n-1)
sum=0
for i in range(1,11):
  sum=sum +jiecheng (i)
print(sum)
```

2. 编程计算，1、2、3、4 这 4 个数字能组成多少个互不相同且无重复数字的三位数，并输出结果。

程序代码如下：

```
s=(1,2,3,4)
n=0
for a in s:
          for b in s:
                for c in s:
                    if a!=b and b!=c and c!=a:
                        print("%d%d%d" %(a,b,c))
                        n=n+1
print("能组成%d个互不相同且无重复数字的三位数" %n)
```

3. 打印输出所有的水仙花数。所谓水仙花数，是指一个三位数，其各位数字的三次方和等于该数本身。例如，153 是一个水仙花数，因为 $153=1^3+5^3+3^3$。

程序代码如下：

```
for n in range(100,1000):
    i=n//100
    j=n//10%10
    k=n%10
    if n==i**3 +j**3 +k**3:
        print("%d"%n)
```

4. 用辗转相除法求两个自然数的最大公约数、最小公倍数。

程序代码如下：

```
x=int(input("随意输入一个整数:"))
y=int(input("随意输入另一个整数:"))
#将大的数作为除数,小的作为被除数,进行值的交换
if x<y:
    x,y=y,x
z=x * y                       #最小公倍数=两数的乘积/公约数
r=x%y                         #求余数
while r!=0:                   #余数如果不为 0,则进入辗转相除的循环
    x=y
    y=r                       #辗转两数数值
    r=x %y                    #对辗转后的两数取余数
print("最大公约数为:%d" %y)
print("最小公倍数为:%d" %(z/y))
```

5. 利用公式$\frac{\pi}{4}=1-\frac{1}{3}+\frac{1}{5}-\frac{1}{7}+\cdots+(-1)^{n+1}\frac{1}{2n-1}$求圆周率的近似值，直到公式中某一项的绝对值小于 $10^{-6}$ 为止（该项的值不参与计算）。

程序代码如下：

```
n,s =1,0
t=1.0/(2*n-1)
while t>=0.000001:
    s=s+(-1)**(n+1)*t
    n=n+1
    t=1.0/(2*n-1)
pi =4 * s
print("圆周率=",pi)
```

6. 求 100～999 中最大的 3 个素数。

程序代码如下：

```
num=0
for n in range(999,100,-2):
    flag=1
    #假设当前 n 是一个素数,设置其状态标志为 1
```

```
    for i in range(2,n):
        if n%i==0;
            flag=0          #n不是素数,需修改其状态标志为 0
            break
if flag==1:
    print(n,'是素数')
    num+=1
    if nun==3
        break
```

7. 现有一个字符串 c ="Python is a programming language. ",编程将字符串中的空格替换成下画线,输出字符串。

程序代码如下:

```
for c in "Python is a programming language.":
    if c==" ":
        print("_",end="")
    else:
        print(c,end="")
```

8. 编写程序,随机产生 10 个学生的考试成绩(0～100 分),并对这 10 个学生的成绩从大到小排序,分别显示排序前、排序后的结果。

程序代码如下:

```
from random import *
a=[]                                #创建一个空的列表 a
for i in range(0,10):               #通过 for 循环对 a 列表填充 10 个元素
    x=randint(0,100)                #随机产生[0,100]的任意一个值 x
    a.append(x)                     #使用 append()方法将 x 值添加到列表 a 中
print("原始成绩列表是:")
print(a)
n=len(a)
for i in range(0, n -1):
        maxx=i
        for j in range(i +1, n):
            if a[j]>a[maxx]:  #按照从大到小的顺序对数值用选择法排序
                maxx=j
        if maxx!=i:
            a[i],a[maxx]=a[maxx],a[i]
print("排序后结果为:")
print(a)
```

9. 利用循环结构的 for 语句或 while 语句输出图 2-4-1 所示的图形。

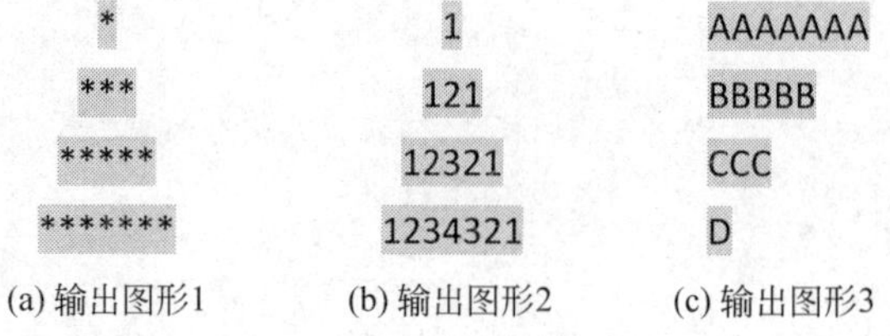

(a) 输出图形1　(b) 输出图形2　(c) 输出图形3

图 2-4-1　输出图形

输出图 2-4-1(a)所示图形的程序代码如下：

```
for i in range(1,5):
    for n in range(10-i):
        print(" ",end="")
    for m in range(2*i-1):
        print("*",end="")
    print("")
```

输出图 2-4-1(b)所示图形的程序代码如下：

```
i=1
while i<=4:
    print(" "*(10-i),end="")
    j=1
    while j<=2*i-1:
      if j<=i :
          print(j,end="")
      else:
          print(2*i-j,end="")
      j=j+1
    print("")
    i=i+1
```

输出图 2-4-1(c)所示图形的程序代码如下：

```
for i in range(4):
      for j in range(7-2*i):
          print(chr(65+i), end="")
      print("")
```

# 第5章 turtle库

## 一、简答题

1. turtle库有什么作用？

**【答案】** turtle库是Python语言中一个很流行的绘制图像的函数库，将画笔想象成一个小乌龟，从一个横轴为$X$、纵轴为$Y$的坐标系原点(0,0)位置开始，它根据一组函数指令的控制，在这个平面坐标系中移动，从而在它爬行的路径上绘制图形。

2. turtle库的画布如何设置？

**【答案】** 画布就是turtle用于绘图的区域，可以设置它的大小和初始位置。例如：

```
turtle.screensize(800,600, "green")
turtle.screensize()                          #返回默认大小(400, 300)
turtle.setup(width=0.5, height=0.75, startx=None, starty=None)
```

参数width和height表示输入宽和高，为整数时，表示像素；为小数时，表示占据计算机屏幕的比例。startx和starty表示矩形窗口左上角顶点的横向和纵向距离，如果为空，则窗口位于屏幕中心。

例如：

```
turtle.setup(width=0.6,height=0.6)
turtle.setup(width=800,height=800, startx=100, starty=100)
```

3. turtle库的直线和圆如何绘制？

**【答案】** turtle.forward(distance)：向当前画笔方向移动distance像素长度。

turtle.circle()：画圆，半径为正(负)，表示圆心在画笔的左边(右边)。

4. turtle库如何进行图形填充？

**【答案】** turtle.fillcolor(colorstring)：设置图形的填充颜色。

turtle.color(color1, color2)：同时设置pencolor＝color1、fillcolor＝color2。

turtle. filling()：返回当前是否在填充状态。

turtle. begin_fill()：准备开始填充图形。

turtle. end_fill()：填充完成。

5. turtle库中如何书写文字？

**【答案】** turtle. write(s [,font=("font-name",font_size,"font_type")])：写文本，s为文本内容，font是字体的参数，font-name、font_size和font_type分别为字体名称、大小和类型；font参数为可选项，font-name、font_size和font_type也是可选项。

**二、选择题**

1. 画笔抬起函数是(　　)。

A. penup()　　B. pendown()　　C. pentop()　　D. pensize()

**【答案】** A

2. 画笔落下函数是(　　)。

A. penup()　　B. pendown()　　C. pentop()　　D. pensize()

**【答案】** B

3. 画笔前进函数forward内的距离参数单位是(　　)。

A. 厘米　　B. 毫米　　C. 英寸　　D. 像素

**【答案】** D

4. 画布的默认原点(0,0)在画布的(　　)。

A. 左上角　　B. 右下角　　C. 中心　　D. 左下角

**【答案】** C

5. 画笔宽度设置函数是(　　)。

A. penup()　　B. pensize()　　C. setup()　　D. pencolor()

**【答案】** B

6. turtle. setheading(30)表示该点(　　)。

A. 左前上方30°　　B. 右前上方30°

C. 左前下方30°　　D. 右前下方30°

**【答案】** A

7. turtle. left(30)表示相对当前方向(　　)。

A. 顺时针改变30°　　B. 逆时针改变30°

C. 顺时针改变60°　　D. 逆时针改变60°

**【答案】** B

8. turtle. fillcolor(colorstring)表示(　　)。

A. 绘制图形的边框颜色　　B. 画布颜色

C. 画笔颜色　　D. 绘制图形的填充颜色

**【答案】** D

9. turtle. color(color1, color2)中的color1表示(　　)。

A. 画笔颜色　　B. 填充颜色　　C. 画布颜色　　D. 文字颜色

**【答案】** A

10. turtle. color(color1, color2)中的color2表示(　　)。

A. 画笔颜色　　B. 填充颜色　　C. 画布颜色　　D. 文字颜色

【答案】 B

**三、填空题**

1. 画布尺寸设置函数是________。

【答案】 setup()

2. 画笔抬起函数是________。

【答案】 penup()

3. 画笔尺寸设置函数是________。

【答案】 pensize()

4. 画笔前进函数是________。

【答案】 forward()

5. 绝对角度设置函数是________。

【答案】 setheading ()

6. 画布的角度坐标系以________为原点。

【答案】 正东向

7. 画布内部的距离单位是________。

【答案】 像素

8. 隐藏画笔的 turtle 形状函数是________。

【答案】 turtle. hideturtle()

9. 显示画笔的 turtle 形状函数是________。

【答案】 turtle. showturtle()

10. 画圆命令是________。

【答案】 circle()

**四、编程题**

1. 编写程序，绘制太极图。

程序代码如下：

```
#引入 turtle 函数库
from turtle import *
#定义画半个太极图的函数,第一个参数 radius 是大圆的半径
#color1,color2 分别是两种填充颜色,对应图形中的黑白填充
def draw(radius, color1,color2):
#设置画笔粗细
width(3)
#设置画笔颜色和填充颜色
color("black",color1)
#准备开始填充图形
begin_fill()
    #首先画一个半径为 radius/2,弧度为 180°的半圆,如红线所示
    circle(radius/2,180)
    #画一个半径为 radius,弧度为 180°的半圆,如黄线所示
    circle(radius,180)
    #将画笔方向旋转 180°
```

```
        left(180)
        #画一个半径为 radius/2,弧度为 180°的半圆,此时半径值为负
        #圆心在画笔的右边,如绿线所示
        circle(-radius/2,180)
        #结束填充
        end_fill()
        #画笔向左旋转 90°,正好指向画板上方
        left(90)
        #抬起画笔,再运动时不会留下痕迹
        up()
        #向前移动 radius*0.35,这样小圆边线距离大圆边线上下各 radius*0.35
        #小圆的半径就为 radius*0.15
        forward(radius*0.35)
        #画笔向右旋转 90°,指向画板右侧
        right(90)
        #放下画笔
        down()
        color(color2,color2)
        #开始画内嵌小圆,如蓝线所示
        begin_fill()
        circle(radius*0.15)
        end_fill()
        #旋转画笔 90°,指向画板上方
        left(90)
        up()
        #后退 radius*0.35
        backward(radius*0.35)
        down()
        #旋转画笔 90°,指向画板左方
        left(90)

#定义主函数
def main():
    #设置窗口或者画板大小
    setup(500,500)
    #绘制太极图
    draw(200,"black","white")
    #绘制太极图
    draw(200,"white","black")
    #隐藏画笔
    ht()

main()
hideturtle()
```

2. 编写程序,绘制爱心祝福图形。

程序代码如下:

```
import turtle
import datetime
```

```
def love():
    def func(x, y):
        main()
    turtle.title('祝福专用程序')
    lv=turtle.Turtle()
    lv.hideturtle()
    lv.getscreen().bgcolor('light blue')
    lv.color('yellow','red')
    lv.pensize(1)
    lv.speed(1)
    lv.up()
    lv.goto(0,-150)
    #开始画爱心
    lv.down()
    lv.begin_fill()
    lv.goto(0, -150)
    lv.goto(-175.12, -8.59)
    lv.left(140)
    pos =[]
    for i in range(19):
        lv.right(10)
        lv.forward(20)
        pos.append((-lv.pos()[0], lv.pos()[1]))
    for item in pos[::-1]:
        lv.goto(item)
    lv.goto(175.12, -8.59)
    lv.goto(0, -150)
    lv.left(50)
    lv.end_fill()
    #写字
    lv.up()
    lv.goto(0, 80)
    lv.down()
    lv.write("祝各位",font=(u"方正舒体",36,"normal"),align="center")
    lv.up()
    lv.goto(0, 0)
    lv.down()
    lv.write("节日快乐!",font=(u"方正舒体",48,"normal"),align="center")
    lv.up()
    lv.goto(100, -210)
    lv.down()
    lv.write("鼠标单击屏幕继续",font=(u"华文琥珀",26,"bold"),align="right")
    lv.up()
    lv.goto(160, -190)
    lv.resizemode('user')
    lv.shapesize(4, 4, 10)              #调整小乌龟大小,以便覆盖“点我”文字
    lv.color('red', 'red')
```

```
    lv.onclick(func)
    lv.showturtle()
def main():
    pass

love())
```

# 第 6 章 序列、集合、字典和 Jieba 库

**一、简答题**

1. 序列包含哪几种类型？列表和元组的区别是什么？

**【答案】** Python 的序列包括字符串、列表和元组，列表元素可以修改，元组元素不可修改。

2. 列表、元组和字符串如何互相转换？

**【答案】** 列表、元组和字符串通过 list()、tuple()和 str()三个函数相互转化，但有一个例外，str()并不能真正将列表和元组转换为字符串。必须使用 join 函数才能将列表和元组转换为字符串。

3. 如何快速生成 1～10 的平方值构成的列表？

**【答案】** 可以使用 range 生成列表生成式[x*x for x in range(1, 10)]。

4. 为什么字典查找速度比较快？

**【答案】** 字典中的 key 使用哈希算法可以得到一个唯一的值，这个值就是保存该 key 对应的 value 的地方，因此能够直接定位到 value。

5. 什么是词频分析？中文词频分析的基本原理是什么？

**【答案】** 词频分析，就是对某一个或某一些给定的词语在某文件中出现的次数进行统计分析。通过词频分析，可以判断文章覆盖的知识领域、作者的表达习惯、文章风格、文章的着重点等。

中文词频分析的基本原理是利用 jieba 库对文章进行分析，统计每个词出现的次数，建立词和出现次数的字典，然后按出现的次数从高到低排序，找出出现频率高的词。

**二、选择题**

1. 运行以下程序，输出的结果是(　　)。

```
print(" love ".join(["Everyday","Yourself","Python",]))
```

A. Everyday love Yourself

B. Everyday love Python

C. love Yourself love Python

D. Everyday love Yourself love Python

【答案】 D

2. 给出代码：

```
TempStr="Hello World"
```

以下选项中，可以输出"World"子串的是(　　)。

A. print(TempStr[-5：-1])　　B. print(TempStr[-5：0])

C. print(TempStr[-4：-1])　　D. print(TempStr[-5：])

【答案】 D

3. 以下代码的输出结果是(　　)。

```
a =[5,1,3,4]
print(sorted(a,reverse =True))
```

A. [5, 1, 3, 4]　B. [5, 4, 3, 1]　C. [4, 3, 1, 5]　D. [1, 3, 4, 5]

【答案】 B

4. 以下选项中，不是字典建立方式的是(　　)。

A. d={[1,2]：1, [3,4]：3}　　B. d={(1,2)：1, (3,4)：3}

C. d={'张三'：1, '李四'：2}　　D. d={1：[1,2], 3：[3,4]}

【答案】 A

5. 下列关于列表 ls 的操作选项中，描述错误的是(　　)。

A. ls.clear()：删除列表 ls 的最后一个元素

B. ls.copy()：生成一个新列表，复制列表 ls 的所有元素

C. ls.reverse()：列表 ls 的所有元素反转

D. ls.append(x)：在列表 ls 最后增加一个元素

【答案】 A

6. 以下代码的输出结果是(　　)。

```
ls=list(range(1,4))
print(ls)
```

A. {0,1,2,3}　B. [1,2,3]　C. {1,2,3}　D. [0,1,2,3]

【答案】 B

7. 下列关于 Python 序列类型的通用操作符和函数的选项中，描述错误的是(　　)。

A. 如果 x 不是 s 的元素，x not in s 返回 True

B. 如果 s 是一个序列，s = [1,"kate",True]，s[3] 返回 True

C. 如果 s 是一个序列，s = [1,"kate",True]，s[-1] 返回 True

D. 如果 x 是 s 的元素，x in s 返回 True

【答案】 B

8. 以下代码的输出结果是(　　)。

```
d={"大海":"蓝色", "天空":"灰色", "大地":"黑色"}
  print(d["大地"], d.get("大地", "黄色"))
```

A. 黑色 灰色　　B. 黑色 黑色　　C. 黑色 蓝色　　D. 黑色 黄色

【答案】 B

9. 以下代码的输出结果是(　　)。

```
s=["seashell","gold","pink","brown","purple","tomato"]
print(s[1:4:2])
```

A. ['gold', 'pink', 'brown']

B. ['gold', 'pink']

C. ['gold', 'pink', 'brown', 'purple', 'tomato']

D. ['gold', 'brown']

【答案】 D

10. 以下代码的输出结果是(　　)。

```
a=[[1,2,3], [4,5,6], [7,8,9]]
s=0
for c in a:
    for j in range(3):
        s+=c[j]
print(s)
```

A. 0　　B. 45　　C. 24　　D. 以上答案都不对

【答案】 B

11. 关于函数的可变参数,可变参数 *args 传入函数时存储的类型是(　　)。

A. list　　B. set　　C. tuple　　D. dict

【答案】 C

12. 以下代码的输出结果是(　　)。

```
s=["seashell","gold","pink","brown","purple","tomato"]
print(s[4:])
```

A. ['purple']

B. ['seashell', 'gold', 'pink', 'brown']

C. ['gold', 'pink', 'brown', 'purple', 'tomato']

D. ['purple', 'tomato']

【答案】 D

13. 以下关于列表操作的描述中,错误的是(　　)。

A. 通过 append()方法可以向列表添加元素

B. 通过 extend()方法可以将另一个列表中的元素逐一添加到列表中

C. 通过 add()方法可以向列表添加元素

D. 通过 insert(index,object)方法在指定位置 index 前插入元素 object

【答案】 C

14. 以下关于字典操作的描述中,错误的是(　　)。

A. del()用于删除字典或者元素

B. clear()用于清空字典中的数据

C. len()方法可以计算字典中键值对的个数

D. keys()方法可以获取字典的值视图

【答案】 D

15. 以下各项中,属于 Python 中文分词方向第三方库的是(　　)。

A. pandas　　B. beautifulsoup4　　C. Python-docx　　D. jieba

【答案】 D

16. 以下代码的输出结果是(　　)。

```
a=["a","b","c"]
b=a[::-1]
print(b)
```

A. ['a', 'b', 'c']　　B. 'c', 'b', 'a'　　C. 'a', 'b', 'c'　　D. ['c', 'b', 'a']

【答案】 D

17. 以下代码的输出结果是(　　)。

```
ls=[[1,2,3],[[4,5],6],[7,8]]
print(len(ls))
```

A. 3　　B. 4　　C. 8　　D. 1

【答案】 A

18. 假设将单词保存在变量 word 中,使用一个字典类型 counts={},统计单词出现的次数可采用(　　)。

A. counts[word]=count[word]+1

B. counts[word]=1

C. counts[word]=count.get(word,1)+1

D. counts[word]=count.get(word,0)+1

【答案】 D

19. ls= [3.5, "Python", [10, "LIST"], 3.6],则 ls[2][ -1][1]的运行结果是(　　)。

A. I　　B. P　　C. Y　　D. L

【答案】 A

三、填空题

1. 已知 x=[3, 5, 7],那么执行语句 x[len(x): ]=[1,2]之后,x 的值为________。

【答案】 [3, 5, 7, 1, 2]

2. 列表、元组、字符串是Python的________(有序、无序)序列。

【答案】 有序

3. 表达式 list(range(10,20,3))的值为________。

【答案】 [10, 13, 16, 19]

4. 已知 x=[1, 11, 111],那么执行语句 x.sort(key=lambda x: len(str(x)), reverse=True)之后,x的值为________。

【答案】 [111, 11, 1]

5. 表达式 list(zip([1,2], [3,4]))的值为________。

【答案】 [(1, 3), (2, 4)]

6. 已知 x = [1, 2, 3, 2, 3],执行语句 x.pop()之后,x的值为________。

【答案】 [1, 2, 3, 2]

7. 已知列表 x=[1,2,3],那么执行语句 x.insert(1,4)之后,x的值为________。

【答案】 [1, 4, 2, 3]

8. 表达式[x for x in [1,2,3,4,5] if x<3]的值为________。

【答案】 [1, 2]

9. 已知 x=[3,5,3,7],那么表达式[x.index(i) for i in x if i==3]的值为________。

【答案】 [0, 0]

10. 补充以下程序中的代码,返回列表类型:

```
import ________
s="埃塞俄比亚航空409号班机波音公司生产的飞机从起飞后不久坠入地中海"
ls=jieba.________(s,true)
print(ls)
```

【答案】 jieba,lcut

**四、编程题**

1. 编写程序,完成如下功能:

(1) 建立字典 d,内容包括"数学": 105,"语文": 101,"英语": 97,"物理": 55。

(2) 向字典中添加键值对"化学": 49。

(3) 修改"数学"对应的值为115。

(4) 删除"英语"对应的键值对。

(5) 按顺序打印字典 d 的全部信息。

程序代码如下:

```
d={"数学":105, "语文":101, "英语":97, "物理":55}
d["化学"]=49
d["数学"]=115
d.pop("英语")
for key in d:
    print(key, d[key])
```

2. 系统里有多个用户,用户信息目前保存在列表里面,代码如下:

```
users=['root', 'test']
passwds=['123', '456']
```

依据以下流程判断用户登录是否成功。

(1) 判断用户是否存在。

(2) 如果用户存在,则判断用户密码是否正确。密码先找出用户对应的索引值,根据passwds索引值找到该用户的密码。如果密码正确则登录成功,退出循环;如果密码不正确,则重新登录,共有3次登录机会。

(3) 如果用户不存在,则重新登录,共有3次登录机会。

程序代码如下:

```
user=['root', 'test']
passwd=['123','456']
for i in range(3):
    us=input('请输入用户名:')
    if us==user[0] or us ==user[1]:
        pa=input('请输入密码:')
        if us==user[0]:
            if pa==passwd[0]:
                print('登录成功')
                break
            else:
                print('密码错误')
        if us==user[1]:
            if pa==passwd[1]:
                print('登录成功')
                break
            else:
                print('密码错误')
    else:
        print('用户名错误')
else:
    print('次数用尽,请稍后再试')
```

3. 由用户输入 $N$ 个100以内的随机数字,使用本章学到的知识保存这 $N$ 个数字,删除重复数字,并排序。

程序代码如下:

```
import random
#先生成N个随机数
s=set([])
for i in range(int(input('N:'))):
    s.add(random.randint(1,100))
print(sorted(s))
```

4. 编写程序生成随机密码，具体要求如下：

(1) 密码由小写字母组成。

(2) 程序每次运行产生 10 个密码(密码首字符不能一样)，每个密码的长度固定为 6 个字符。

程序代码如下：

```
import random
random.seed(0x1010)
s="abcdefghijklmnopqrstuvwxyz"
ls=[]
excludes=""
while len(ls) <10:
    pwd=""
    for i in range(6):
        pwd+=s[random.randint(0, len(s)-1)]
    if pwd[0] in excludes:
        continue
    else:
        ls.append(pwd)
        excludes +=pwd[0]
f=open("密码.txt", "w")
f.write("\n".join(ls))
f.close()
```

# 第7章 函数和异常处理

## 一、简答题

1. 定义函数应包括哪些内容？

**【答案】** 函数的名字，以便以后按名调用；函数的返回值，即函数返回值的类型；函数的参数，以便在调用函数时向它们传递数据，无参数函数则不需要这一项；函数应当完成什么操作，即函数的功能。

2. 简要说明函数调用的过程。

**【答案】** 函数调用和执行的一般形式如下：

```
<函数名>(<参数列表>)
```

参数列表中给出要传到函数内部的参数，称为实际参数。

3. 什么是递归函数？递归函数的特点有哪些？

**【答案】** 递归函数是指连续执行某一个函数时，该函数中的某一步要用到它自身的上一步或上几步的结果。在一个程序中，若存在程序自己调用自己的现象就构成了递归。递归是一种常用的程序设计方法。在实际应用中，许多问题的求解方法具有递归特征，利用递归描述去求解复杂的算法，思路清晰、代码简洁、结构紧凑，但由于每一次递归调用都需要保存相关的参数和变量，因此会占用内存，并降低程序的执行速度。

4. 异常处理的作用是什么？

**【答案】** 异常是指程序运行过程中出现的错误或遇到的意外情况，如果这些异常得不到有效的处理，会导致程序终止运行。一个好的程序应具备较强的容错能力，也就是说，除了能够在正常情况下完成所预想的功能外，还能够在遇到各种异常的情况下进行合适的处理。这种对异常情况给予适当处理的技术就是异常处理。

5. 匿名函数的定义是什么？

**【答案】** 匿名函数是指没有函数名的简单函数，只可以包含一个表达式，不能包含其他复杂的语句，表达式的结果就是函数的返回值。其定义格式如下：

```
lambde [参数 1[, [参数 2,... ,参数 n]]: 表达式
```

**二、选择题**

1. 函数调用时所提供的参数可以是(　　)。

   A. 常量　　B. 变量　　C. 函数　　D. 以上都可以

**【答案】** D

2. 定义函数的保留字是(　　)。

   A. Fun　　B. def　　C. dim　　D. fx

**【答案】** B

3. 传递多个参数时,各参数由(　　)分隔。

   A. 逗号(,)　　B. 分号(;)　　C. 圆点(.)　　D. 下画线(_)

**【答案】** A

4. 匿名函数是用(　　)关键字定义的。

   A. none　　B. def　　C. lambda　　D. add

**【答案】** C

5. 下列关于函数定义的说法中,正确的是(　　)。

   A. 必须有形参　　B. 必须带 return 语句

   C. 函数体不能为空　　D. 用 def 定义

**【答案】** D

6. 已知 s=lambda a,b: a+b,则 s([2],[3,4])的值是(　　)。

   A. [2, 3, 4]　　B. 9　　C. [23,4]　　D. [234]

**【答案】** A

7. 下列程序的运行结果是(　　)。

```
def F(*x):
    print(x)
F(2,3,4)
```

   A. 9　　B. (2, 3, 4)　　C. 234　　D. [2,3,4]

**【答案】** B

8. 下列程序的运行结果是(　　)。

```
def F(a,b=2,c=5):
    print('a=',a,'b=',b,'c=',c)
F(2,4,6)
```

   A. a=2 b=2 c=5　　B. a=0 b=2 c=4

   C. a=2 b=4 c=5　　D. a=2 b=4 c=6

**【答案】** D

9. 下列程序的运行结果是(　　)。

```
def F(n):
    if (n==3):
```

```
        return 3
    else:
        return n * F(n-1)
s=F(6)
print(s)
```

A. 3　　B. 3456　　C. 360　　D. 18

【答案】 C

10. 最简单的异常处理语句是(　　)。

A. try…except　　B. if…else　　C. for　　D. def…return

【答案】 A

**三、填空题**

1. 定义函数的关键字是________。

【答案】 def

2. 函数在传递多个参数时,各参数由________分隔。

【答案】 逗号

3. 已知 s=lambda a,b: a−b,则 s(10,6)的值是________。

【答案】 4

4. 函数在其定义内部引用了________,形成递归过程。

【答案】 自身

5. 具有多个异常处理分支的 try…except 语句,最后是以________结束。

【答案】 finally

6. 在一个程序中,若存在程序自己调用自己的现象就构成了________。

【答案】 递归

7. 函数调用时的参数一般采用按________的方式。

【答案】 位置匹配

8. 设定异常处理后,当发生异常时执行________保留字后面的语句。

【答案】 except

9. 异常类型 IOError 表示________。

【答案】 文件不存在

10. 异常类型 NameError 表示________。

【答案】 找不到变量名

# 第8章 可视化界面设计

## 一、简答题

1. 什么是主窗口？主窗口有什么作用？

**【答案】** 主窗口是可视化界面的顶层窗口，也是控件的容器。一个可视化界面必须且只能有一个主窗口，并且要优先于其他对象创建，其他对象都是主窗口的子对象。

2. 创建可视化界面的步骤是什么？

**【答案】**

(1) 创建主窗口；

(2) 添加各种控件，如标签控件、按钮控件、文本框控件等；

(3) 调用主窗口的 mainloop 方法，等待处理各种控件，直到关闭主窗口。

3. 常用的控件有哪些？

**【答案】** Label(标签)、Message(消息)、Button(按钮)、Radiobutton(单选按钮)、Checkbutton(复选框)、Entry(单行文本框)、Text(多行文本框)、Frame(框架)、Listbox(列表框)、Scrollbar(滚动条)、Scale(刻度条)、Menu(菜单)等。

4. tkinter 的三种布局管理器各有什么作用？

**【答案】** pack 布局管理器将所有控件组织为一行或一列，默认根据控件创建的顺序将控件自上而下地添加到父控件中。grid 布局管理器将窗口或框架视为一个由行和列构成的二维表格，并将控件放入行列交叉处的单元格中。place 布局管理器直接指定控件在父控件(窗口或框架)中的位置坐标。

5. tkinter 事件处理程序是如何工作的？

**【答案】** 用户通过键盘或鼠标与可视化界面内的控件交互操作时，会触发各种事件。事件发生时，需要应用程序对其进行响应或进行处理。

## 二、选择题

1. 按钮控件是(　　)。

A. Label　　B. Button

C. Message　　D. Frame

【答案】 B

2. 标签控件是(　　)。

A. Label　　B. Button　　C. Message　　D. Frame

【答案】 A

3. 消息控件是(　　)。

A. Label　　B. Button　　C. Message　　D. Frame

【答案】 C

4. 单选按钮控件是(　　)。

A. Radiobutton　　B. Checkbutton　　C. Entry　　D. Text

【答案】 A

5. 多行文本框控件是(　　)。

A. Radiobutton　　B. Checkbutton　　C. Entry　　D. Text

【答案】 D

6. 单行文本框控件是(　　)。

A. Radiobutton　　B. Checkbutton　　C. Entry　　D. Text

【答案】 C

7. 复选框控件是(　　)。

A. Radiobutton　　B. Checkbutton　　C. Entry　　D. Text

【答案】 B

8. 列表框控件是(　　)。

A. Listbox　　B. Scrollbar　　C. Scale　　D. Text

【答案】 A

9. 滚动条控件是(　　)。

A. Listbox　　B. Scrollbar　　C. Scale　　D. Text

【答案】 B

10. 刻度条控件是(　　)。

A. Listbox　　B. Scrollbar　　C. Scale　　D. Text

【答案】 C

**三、填空题**

1. 选择颜色的对话框通过调用函数________来创建。

【答案】 askcolor()

2. 图形用户界面中有唯一焦点,可以用键盘上的________键来移动焦点。

【答案】 Tab

3. 为了使标签控件在窗口中可见,需要调用方法________来设置。

【答案】 pack()

4. 主窗口显示后,需要调用主窗口的________方法,等待处理各种控件,直到关闭主窗口。

【答案】 mainloop()

5. 通过控件的________属性,可以设置其显示的内容。

【答案】 tex

6. 如果要输入学生的性别,用________。

【答案】 单选按钮

7. 如果要输入学生的兴趣和爱好,用________。

【答案】 复选框

8. 事件<Button-1>表示________。

【答案】 按下鼠标左键

9. 事件<Enter>表示________。

【答案】 鼠标指针进入控件

10. 控件的 bg 属性表示________。

【答案】 设置背景颜色

**四、编程题**

1. 编程设计一个简易计算器,能够实现加、减、乘、除运算。

程序代码如下:

```
import tkinter #导入 tkinter 模块
root=tkinter.Tk()
root.minsize(280,500)
root.title('简易计算器')
#1.界面布局
#显示面板
result=tkinter.StringVar()
result.set(0)                              #显示面板显示结果 1,用于显示默认数字 0
result2=tkinter.StringVar()                #显示面板显示结果 2,用于显示计算过程
result2.set('')
#显示版
label=tkinter.Label(root,font=('微软雅黑',20),bg='#EEE9E9',bd='9',fg=
'#828282',anchor='se',textvariable =result2)
label.place(width=280,height=170)
label2=tkinter.Label(root,font=('微软雅黑',30),bg='#EEE9E9',bd ='9',fg=
'black',anchor='se',textvariable=result)
label2.place(y=170,width=280,height=60)
#数字键按钮
btn7=tkinter.Button(root,text='7',font=('微软雅黑',20),fg=('#4F4F4F'),bd=
0.5,command=lambda : pressNum('7'))
btn7.place(x=0,y=285,width=70,height=55)
btn8=tkinter.Button(root,text ='8',font=('微软雅黑',20),fg =('#4F4F4F'),bd=
0.5,command=lambda : pressNum('8'))
btn8.place(x=70,y=285,width=70,height=55)
btn9=tkinter.Button(root,text='9',font=('微软雅黑',20),fg=('#4F4F4F'),bd=
0.5,command=lambda : pressNum('9'))
btn9.place(x=140,y=285,width=70,height=55)
btn4=tkinter.Button(root,text='4',font=('微软雅黑',20),fg=('#4F4F4F'),bd=
0.5,command=lambda : pressNum('4'))
```

```
btn4.place(x=0,y=340,width=70,height=55)
btn5=tkinter.Button(root,text='5',font=('微软雅黑',20),fg=('#4F4F4F'),bd=0.5,
command=lambda : pressNum('5'))
btn5.place(x=70,y=340,width=70,height=55)
btn6=tkinter.Button(root,text='6',font=('微软雅黑',20),fg=('#4F4F4F'),bd=0.5,
command=lambda : pressNum('6'))
btn6.place(x=140,y=340,width=70,height=55)
btn1=tkinter.Button(root,text='1',font=('微软雅黑',20),fg=('#4F4F4F'),bd=0.5,
command=lambda : pressNum('1'))
btn1.place(x=0,y=395,width=70,height=55)
btn2=tkinter.Button(root,text='2',font=('微软雅黑',20),fg=('#4F4F4F'),bd=0.5,
command=lambda : pressNum('2'))
btn2.place(x=70,y=395,width=70,height=55)
btn3=tkinter.Button(root,text='3',font=('微软雅黑',20),fg=('#4F4F4F'),bd=0.5,
command=lambda : pressNum('3'))
btn3.place(x=140,y=395,width=70,height=55)
btn0=tkinter.Button(root,text='0',font=('微软雅黑',20),fg =('#4F4F4F'),bd=0.5,
command=lambda : pressNum('0'))
btn0.place(x=70,y=450,width=70,height=55)
#运算符号按钮
btnac=tkinter.Button(root,text='AC',bd=0.5,font=('黑体',20),fg='orange',
command=lambda :pressCompute('AC'))
btnac.place(x =0,y =230,width=70,height=55)
btnback=tkinter.Button(root,text='←',font =('微软雅黑',20),fg='#4F4F4F',
bd =0.5,command=lambda:pressCompute('b'))
btnback.place(x =70,y =230,width=70,height=55)
btndivi=tkinter.Button(root,text='÷',font=('微软雅黑',20),fg='#4F4F4F',bd =
0.5,command =lambda:pressCompute('/'))
btndivi.place(x=140,y=230,width=70,height=55)
btnmul=tkinter.Button(root,text='×',font=('微软雅黑',20),fg="#4F4F4F",bd =
0.5,command=lambda:pressCompute('*'))
btnmul.place(x=210,y=230,width=70,height=55)
btnsub=tkinter.Button(root,text='-',font=('微软雅黑',20),fg=('#4F4F4F'),bd =
0.5,command =lambda:pressCompute('-'))
btnsub.place(x=210,y=285,width=70,height=55)
btnadd=tkinter.Button(root,text='+',font=('微软雅黑',20),fg=('#4F4F4F'),bd =
0.5,command =lambda:pressCompute('+'))
btnadd.place(x=210,y=340,width=70,height=55)
btnequ=tkinter.Button(root,text='=',bg='orange',font=('微软雅黑',20),fg=
('#4F4F4F'),bd=0.5,command=lambda :pressEqual())
btnequ.place(x=210,y=395,width=70,height=110)
btnper=tkinter.Button(root,text='%',font=('微软雅黑',20),fg=('#4F4F4F'),bd =
0.5,command=lambda:pressCompute('%'))
btnper.place(x=0,y=450,width=70,height=55)
btnpoint=tkinter.Button(root,text='.',font=('微软雅黑',20),fg=('#4F4F4F'),
bd=0.5,command=lambda:pressCompute('.'))
btnpoint.place(x=140,y=450,width=70,height=55)

#操作函数
lists=[]                  #设置一个变量保存运算数字和符号的列表
```

```
isPressSign =False          #添加一个判断是否按下运算符号的标志,假设默认没有按下按钮
isPressNum=False
#数字函数
def pressNum(num):#设置一个数字函数,判断是否按了数字并获取数字将数字写在显示面板上
    global lists                #全局化 lists 和按钮状态 isPressSign
    global isPressSign
    if isPressSign==False:
        pass
    else:                       #重新将运算符号状态设置为否
        result.set(0)
        isPressSign=False

    #判断界面的数字是否为 0
    oldnum=result.get()         #第一步
    if oldnum=='0':             #如果界面上的数字为 0,则获取按下的数字
        result.set(num)
    else:                       #如果界面上的数字不是 0,则链接上新按下的数字
        newnum=oldnum +num
        result.set(newnum)      #将按下的数字写到面板中
#运算函数
def pressCompute(sign):
    global lists
    global isPressSign
    num=result.get()               #获取界面数字
    lists.append(num)              #保存界面获取的数字到列表中
    lists.append(sign)             #将按下的运算符号保存到列表中
    isPressSign=True
    if sign=='AC':
              #如果按下的是'AC'按键,则清空列表内容,将屏幕上的数字键设置为默认数字 0
        lists.clear()
        result.set(0)
    if sign=='b':     #如果按的是退格键,则选取当前数字第一位到倒数第二位
        a=num[0:-1]
        lists.clear()
        result.set(a)

#获取运算结果函数
def pressEqual():
    global lists
    global isPressSign
    curnum=result.get()            #设置当前数字变量,并将其添加到列表
    lists.append(curnum)
    computrStr=''.join(lists)      #用 join 命令将列表中的字符串链接起来
    endNum=eval(computrStr)        #用 eval 命令运算字符串中的内容
#     a =str(endNum)
#   b='='+a      #在运算结果前添加一个'=',不过会产生不能连续运算的问题,这里作为注释
#   c=b[0:10]                      #所有的运算结果取 9 位数
    result.set(endNum)             #将运算结果显示到屏幕 1
```

```
    result2.set(computrStr)           #将运算过程显示到屏幕 2
    lists.clear()                     #清空列表内容
```

2. 编程设计一个图片浏览器,查看文件夹中的图像文件。

程序代码如下:

```
from tkinter import *
from tkinter.filedialog import *
w=Tk()
w.title("图片浏览")
w.geometry("700x260+500+300")
def Disp(f):
    gif=PhotoImage(file=f)
    L1=Label(w, image=gif).pack(side="right")
    T1='图片显示'
    L2=Label(w, justify=LEFT,padx=20,text=T1,font=(10)).pack(side="left")
    w.mainloop()
def LoadP():
    f=askopenfilename(title='查找图片',filetype=[('gif','.gif')])
    print(f)
    #f='D:/jpg/test.gif'
    Disp(f)
Btn=Button(w,text='确定',width=20,height=2,bg='gray',fg='red',command=
LoadP)
Btn.pack()
```

# 第 9 章 文件和数据库

## 一、简答题

1. 文件的打开方式有哪几种？如果要改写一个文本文件，用哪种打开方式？

【答案】 文件的打开方式有'r'、'w'、'a'、'x'，可以和't'、'b'、'＋'进行组合。要改写文本文件，需要用'r＋'。

2. 文件没有写关闭语句会导致什么后果？

【答案】 如果文件只有 open 语句，没有 close 语句，会导致缓冲区的内存无法及时释放，浪费内存资源。操作系统同一时间能打开的文件数量是有限的，如果打开大量文件而没有关闭，会导致无法打开其他文件。

3. 读文件的方法有哪些？区别是什么？

【答案】 参考表 2-9-1 回答。

**表 2-9-1　读取文件的方法**

| 操作方法 | 指 定 参 数 | 不指定参数 |
| --- | --- | --- |
| read(size=－1) | 从文件中读取指定 size 的字符串或字节流 | 读取整个文件 |
| readline(size=－1) | 从文件指针所在行中读取前 size 行字符串 | 读取一行 |
| readlines(sizeint=－1) | 读取指定 sizeint 个字节，返回列表 | 读入所有行，每行为元素返回一个列表 |

4. 如何遍历一个目录下所有文件和文件夹？

【答案】 参照配套主教材的例 9.6。

5. Python DB API 接口包括哪些对象？其执行流程是什么？

【答案】 Python DB API 包含数据库连接对象 Connect、Cursor、Exception，执行流程如图 2-9-1 所示。

## 二、选择题

1. Python 文件只读打开模式是(　　)。

A. 'w'　　B. 'x'　　C. 'b'　　D. 'r'

【答案】 D

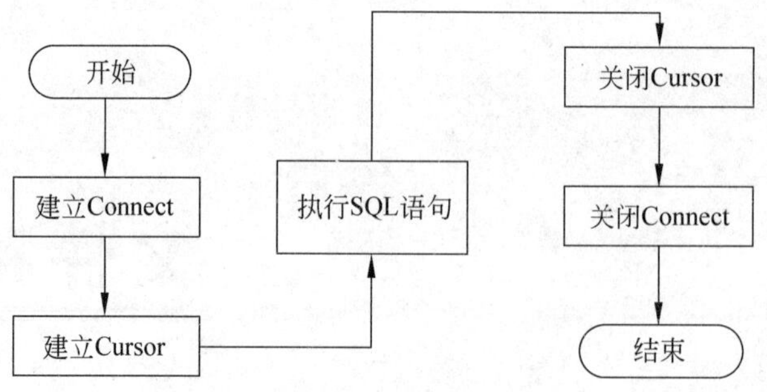


图 2-9-1 Python DB API 执行流程

2. 以下选项中,不是 Python 对文件的打开模式的是(　　)。

A. 'w'　　B. '+'　　C. 'c'　　D. 'r'

【答案】 C

3. 给出如下代码:

```
fname =input("请输入要打开的文件: ")
fo =open(fname, "r")
for line in fo.readlines():
    print(line)
fo.close()
```

关于上述代码的描述中,错误的是(　　)。

A. 通过 fo.readlines()方法将文件的全部内容读入一个字典 fo

B. 通过 fo.readlines()方法将文件的全部内容读入一个列表 fo

C. 上述代码可以优化为

```
fname =input("请输入要打开的文件: ")
with open(fname,"r") as f:
    for Line in f.readLines():
        print(Line)
```

D. 用户输入文件路径,以文本文件方式读入文件内容并逐行打印

【答案】 A

4. 以下关于 Python 文件打开模式的描述中,错误的是(　　)。

A. 覆盖写模式 'w'　　B. 追加写模式 'a'

C. 创建写模式 'n'　　D. 只读模式 'r'

【答案】 C

5. 以下选项中,不是 Python 对文件的写操作方法的是(　　)。

A. writelines()　　B. write()

C. write()和 seek()　　D. writetext()

【答案】 D

6. 以下对文件的描述中,错误的是(　　)。

A. 文件中可以包含任何数据内容

B. 文本文件和二进制文件都是文件

C. 文本文件不能用二进制文件方式读入

D. 文件是一个存储在辅助存储器上的数据序列

**【答案】** C

7. Python 文件读取方法 read(size) 的含义是(　　)。

A. 从头到尾读取文件所有内容

B. 从文件中读取一行数据

C. 从文件中读取多行数据

D. 从文件中读取指定 size 大小的数据，如果 size 为负数或者空，则读取到文件结束

**【答案】** D

8. 以下选项中，错误的是(　　)。

A. fo. writelines(ls)将元素全为字符串的 ls 列表写入文件

B. fo. seek(0)代码如果省略，也能打印输出文件内容

C. 代码的主要功能是向文件写入一个列表类型，并打印输出结果

D. 执行代码时，从键盘输入“清明. txt”，则“清明. txt”被创建

**【答案】** B

9. os. path 模块检查文件是否存在的函数是(　　)。

A. isfile(path)　　B. isdir(path)　　C. splitext(path)　D. exists(path)

**【答案】** D

10. 文件 book. txt 在当前程序所在目录内，其内容是一段文本：book，下面代码的输出结果是(　　)。

```
txt=open("book.txt", "r")
print(txt)
txt.close()
```

A. book. txt　　B. txt

C. 以上答案都不对　　D. book

**【答案】** C

**三、填空题**

1. 对文件进行写入操作之后，________方法用来在不关闭文件对象的情况下将缓冲区内容写入文件。

**【答案】** flush()

2. Python 内置函数________用来打开或创建文件并返回文件对象。

**【答案】** open()

3. 使用关键字________可以自动管理文件对象，不论何种原因结束该关键字中的语句块，都能保证文件被正确关闭。

**【答案】** with

4. Python 标准库 os 中用来列出指定文件夹中的文件和子文件夹列表的方法

是________。

【答案】 listdir()

5. Python 标准库 os.path 中用来判断是否是文件的方法是________。

【答案】 isfile()

6. Python 标准库 os.path 中用来分割指定路径中的文件扩展名的方法是________。

【答案】 splitext()

7. 已知当前文件夹中有纯英文文本文件 readme.txt，把 readme.txt 文件中的所有内容复制到 dst.txt 中，代码如下：

```
with open('readme.txt') as src, open('dst.txt', __)
```

【答案】 'w'

8. 打开一个文件 a.txt，如果该文件不存在则创建，存在则产生异常并报警。请补充如下代码：

```
try:
    f=open("a.txt", "__")
except:
    print("文件存在,请小心读取!")
finally
    f.__()
```

【答案】 'x',close

**四、编程题**

1. 一般将写日志程序专门设计为一个函数供其他模块调用，请将《Python 程序设计》(翟萍主编)例 6.4 中的程序改写为一个函数，函数参数为要写入的字符串，并调用该函数进行测试。

程序代码如下：

```
def writelog(test):
    import os
    import time
    if not os.path.exists("D:\\log"):
    os.mkdir("D:\\log")
    now=int(time.time())
    timeStruct=time.localtime(now)
    strDate=time.strftime("%Y%m%d", timeStruct)
    strTime=time.strftime("%H:%M:%S", timeStruct)
    logfile="D:\\log\\"+strDate+".txt"          #日志文件名
    if not os.path.exists(logfile):
       f=open(logfile,'w')
    else:
       f=open(logfile,'a')
```

```
    f.write(strTime+":"+test+'\n')
    f.close()

writelog('测试')
```

2. 编写程序，随机产生 20 个数字(范围 1～100)构成列表，将该列表从小到大排序后写入文件的第一行，然后从文件中读取文件内容到列表中，再将该列表从大到小排序后追加到文件的下一行。

程序代码如下：

```
import random
list_num=[random.randint(1, 100) for i in range(1, 20)]

list_num.sort()
txt=','.join(list(map(str, list_num)))

with open('num.txt','w', encoding='utf-8') as f:
    f.write(txt)
with open('num.txt','r+', encoding='utf-8') as f:
    list_num2=f.read().split(',')
    list_num2.reverse()
    txt2=','.join(list(map(str, list_num2)))
    f.write('\n')
    f.write(txt2)
```

3. 使用字典和列表型变量完成某课程的考勤记录统计，班级名单由考生目录下的文件 Name.txt 给出，某课程第一次考勤数据由考生目录下的文件 1.csv 给出。编程输出第一次缺勤同学的名单。

程序代码如下：

```
#从 1.csv 文件中读取考勤数据
with open("1.csv","r",encoding="utf-8") as fo:
    foR=fo.readlines()

ls=[]
for line in foR:
    line=line.replace("\n","")
    ls.append(line.split(","))

#从 Name.txt 文件中读取所有同学的名单
with open("Name.txt","r",encoding="utf-8") as foName:
    foNameR=foName.readlines()

lsAll=[]
for line in foNameR:
    line=line.replace("\n","")
    lsAll.append(line)
```

```
#输出第一次缺勤同学的名单
for l in ls:
    if l[0] in lsAll:
        lsAll.remove(l[0])
print("第一次缺勤同学有：",end ="")

for l in lsAll:
    print(l,end=" ")
```

4. 编写程序，创建数据库contract.db，创建sales表(字段包括id、日期、客户id、产品id、产品数量、主键为id)，对数据表进行插入、删除和修改操作。

程序代码如下：

```
import sqlite3
#建立数据库
con=sqlite3.connect("D:\contract.db")
cur=con.cursor()
#建表
cur.execute("create table if not exists sales (id primary key, saledate,
customerid,productid,sellNum)")

sales={(1,'2019-6-18',1,1,3),(2,'2019-6-19',1,2,5),(3,'2019-6-20',2,1,20)}
#插入多行
cur.executemany("insert into sales(id ,saledate,customerid,productid,sellNum)
values(?,?,?,?,?)",sales)
con.commit()                #提交事务

#查询
print("原始数据")
cur.execute("select * from sales order by id asc")
for row in cur:
print(row)
#修改
cur.execute("update sales set sellNum=12 where id=1")
con.commit()                #此行代码不能少,否则更新没有用
print("更新 id:1 的 sellNum 为 12 之后")
cur.execute("select * from sales order by id asc")
for row in cur:
print(row)

#删除 sales
cur.execute("delete from  sales  where id=2")
con.commit()                #此行代码不能少,否则更新没有用
print("删除 id:2 后")
cur.execute("select * from sales order by id asc")
```

```
for row in cur:
print(row)
cur.close()
con.commit()   #事务提交
con.close()
```

# 第10章 面向对象程序设计

**一、简答题**

1. 什么是类？什么是对象？它们有什么关系？

**【答案】** 类是具有相同属性和服务的一组对象的集合。对象是系统中用来描述客观事物的一个实体，它是构成系统的基本单位。

类是一个抽象的概念，只是为所有的对象定义了抽象的属性与行为；对象是类的一个具体；类是一个静态的概念，类本身不携带任何数据；对象是一个动态的概念。

2. 什么是消息？

**【答案】** 消息是一个对象要求另一个对象实施某项操作的请求。发送者发送消息，在一条消息中，需要包含消息的接收者和要求接收者执行某项操作的请求，接收者通过调用相应的方法响应消息，这个过程被不断地重复，从而驱动整个程序的运行。

3. 封装有哪些作用？

**【答案】** 封装是指把对象的数据（属性）和操作数据的过程（方法）结合在一起，构成独立的单元，它的内部信息对外界是隐蔽的，不允许外界直接存取对象的属性，只能通过使用类提供的外部接口对该对象实施各项操作，保证了程序中数据的安全性。

4. 继承与派生有哪些关系？

**【答案】** 继承反映的是类与类之间抽象级别的不同，根据继承与被继承的关系，可分为基类和派生类，派生类将从父基类那里获得所有的属性和方法，并且可以对这些获得的属性和方法加以改造，使之具有自己的特点。

5. 简述类属性和实例属性的异同点。

**【答案】** 类属性就是类对象所拥有的属性，它被所有类对象的实例对象所公有；实例属性是不需要在类中显式定义的，而是在_ _init_ _构造函数中定义的，定义时以 self 作为前缀。

**二、选择题**

1. 下列选项中，不属于面向对象程序设计特征的是(　　)。

A. 继承　　B. 封装　　C. 多态　　D. 可维护性

【答案】 D

2. 在方法的定义中,访问实例属性 name 的格式是(　　)。

A. name　B. a. name　C. a(name)　D. a[name]

【答案】 B

3. 一个新类从已有的类那里获得其已有特性,这种现象称为类的(　　)。

A. 继承　B. 封装　C. 多态　D. 引用

【答案】 A

4. 类对象所拥有的属性是(　　)。

A. 类方法　B. 类属性　C. 子类　D. 实例属性

【答案】 D

5. 在 Python 中,通过(　　)来定义类。

A. class　B. def　C. try　D. fun

【答案】 A

6. 类的实例化是产生一个类对象的实例,称为(　　)。

A. 对象　B. 实例对象　C. 函数　D. 属性

【答案】 B

7. 在类中定义方法采用(　　)关键字。

A. init　B. class　C. try　D. def

【答案】 B

8. 描述对象静态特性的数据元素是(　　)。

A. 方法　B. 类型　C. 属性　D. 消息

【答案】 C

9. 以下程序中,横线处应补充的代码是(　　)。

```
class Stu:
    name='ABC'
    mark=66
s=Stu()
print(____)
```

A. name,mark　B. Stu. name,Stu. mark

C. Stu: name, mark　D. s. name,s. mark

【答案】 D

10. 下列选项中,可以创建对象的是(　　)。

A. 构造函数　B. 类　C. 方法　D. 数据字段

【答案】 C

**三、填空题**

1. _ _ init _ _ 是类的________。

【答案】 构造方法

2. 创建对象后,可以使用________运算符来调用其成员。

【答案】 .

3. 从现有的类定义新的类，称为类的________。

【答案】 继承

4. 下列程序的运行结果是________。

```
class A:
    def __init__(self,i):
        self.i=i
      i=66
s=A(20)
print(s.i)
```

【答案】 20

5. 下列程序的运行结果是________。

```
class P:
    s=[2,3]
    def ret(self):
        return self.s * 2
p=P()
print(p.ret())
```

【答案】 [2，3，2，3]

**四、编程题**

创建学生类，分为本科生、硕士生和博士生，属性包括姓名、性别、出生日期、毕业学校等，有继承关系。

程序代码如下：

```
class Undergraduate:
    def __init__(self,name,sex,date1,School1):
        self.name=name
        self.sex=sex
        self.date1=date1
        self.School1=School1
class Master(Undergraduate):
    def __init__(self,name,sex,date1,School1,date2,School2):
        self.date2=date2
        self.School2=School2
class Doctor(Master):
    def __init__(self,name,sex,date1,School1,date2,School2,date3,School3):
        self.date=date
        self.School=GraduationSchool
```

# 第11章 网络编程

## 一、简答题

1. TCP和UDP有什么区别？

**【答案】** TCP是一种流协议，而UDP是一种数据包协议。TCP在客户机和服务器之间建立持续的开放连接，UDP不需要在客户机和服务器之间建立连接，它只是在地址之间传输报文。

2. 基于套接字的TCP服务器的网络编程一般包括哪些基本步骤？

**【答案】**

(1) 创建socket对象。

(2) 将socket绑定到指定地址上。

(3) 准备好套接字，以便接收连接请求。

(4) 通过socket对象方法accept()，等待客户请求连接。

(5) 服务器和客户机通过send()和recv()方法通信(传输数据)。

(6) 传输结束，调用socket的close()方法以关闭连接。

3. 基于套接字的UDP服务器的网络编程一般包括哪些基本步骤？

**【答案】**

(1) 创建socket对象。

(2) 将socket绑定到指定地址上。

(3) 服务器和客户机通过send()和recv()方法通信(传输数据)。

(4) 传输结束，调用socket的close()方法以关闭连接。

4. requests库有哪些特点？

**【答案】** requests库是一个简洁且简单的处理HTTP请求的第三方库，支持丰富的链接访问功能，包括国际域名和URL获取、HTTP、长连接和连接缓存、HTTP会话和Cookie保持、浏览器使用风格的SSL验证、基本的摘要认证、有效的键值对Cookie记录、自动解压缩、自动内容解码、文件分块上传、HTTP(S)代理功能、连接超时处理、流数据下载等。

5. 如何绑定socket对象到IP地址？

**【答案】** 使用对象方法bind将socket绑定到指定IP地址上，其语法形式如下：

```
对象名.bind(address)
```

其中，address是要绑定的IP地址，对应IPv4的地址为一个元组：(主机名或IP地址，端口号)。

**二、选择题**

1. Internet为网络中的每一台主机分配一个唯一的地址，称为(　　)地址。

A. IP　　B. 网络　　C. 服务器　　D. ping

**【答案】** A

2. 在requests.get()发出HTTP请求后，需要利用(　　)属性判断返回的状态。

A. ftp　　B. status_code

C. content　　D. text

**【答案】** B

3. 在客户端，socket对象通过connect()方法建立到服务器端socket对象的连接，其形式为(　　)。

A. client_sock.connect(address)　　B. connect (address)

C. client (address)　　D. socket

**【答案】** A

4. beautifulsoup4库把每个页面当作一个对象，通过(　　)的方式调用对象的属性(即包含的内容)。

A. a.b　　B. b.a　　C. <a.b>　　D. <a>.<b>

**【答案】** C

5. 更改编码方式为UTF-8的命令是(　　)。

A. encoding='utf-8'　　B. encoding=['utf-8']

C. r.encoding('utf-8')　　D. r.encoding='utf-8'

**【答案】** D

**三、填空题**

1. TCP/IP模型把TCP/IP协议族分成4个层次：________、________、________和________。

**【答案】** 网络接口层、Internet层、传输层、应用层

2. 通过socket对象的send()方法发送数据，返回实际发送的字节数，其命令是________。

**【答案】** send(bytes)

3. 通过socket对象的recv()方法接收数据，返回接收到的数据，其命令是________。

**【答案】** recv(bufsize)

4. requests.get()发出HTTP请求后，如果返回状态正常，可以用________函数查看网页内容。

**【答案】** text()

# 第12章 第三方库

1. 简述 Python 标准库与第三方库的异同点。

**【答案】** 相同点：Python 第三方库的调用方式与标准库的调用方式相同，都需要用 import 语句调用。

不同点：第一，Python 的标准库是 Pyhon 安装的时候默认自带的库，第三方库需要下载后安装到 Python 的安装目录下才能使用；第二，不同的第三方库的安装及使用方法不同。

简单地说，Python 的标准库是默认自带不需要下载安装的库，第三方库是需要下载安装的库。两者的调用方式是一样的。

2. 简述 Python 第三方库的安装方法。

**【答案】**

(1) pip 在线安装(以安装 Pillow 为例)。若需要安装用于图像处理的 Pillow 模块，只需要输入命令：pip install pillow，然后按回车键，Python 会收集有关 Pillow 的信息，找到之后自动下载。

(2) 提前下载相应的模块(以安装 Django 为例)。首先保证机器上安装了 git 命令，执行官网上的下载模块命令 git clone https://github. com/django/diango. git，下载完成后，在当前目录下就多了一个名为 Django 的子目录，切换到该目录下，可以看到有一个 setup. py 文件，执行安装命令：python setup. py install，就会自动开始安装已下载的第三方库文件。

(3) 离线安装 whl 文件(以安装 Pillow 为例)。下载地址：http://www. lfd. uci. edu/~gohlke/pythonlibs/#numpy，例如需要 pillow 模块，其名称为 Pillow-3. 4. 2-cp36-cp36m-win_amd64. whl，选择对应的版本和位数之后单击下载，下载完成将其复制到 Scripts 文件夹下面；打开 cmd，输入 pip install Pillow-3. 4. 2-cp36-cp36m-win_amd64. whl 并按回车键即可安装。

3. pygame 库的主要功能是什么？

**【答案】** pygame 库是 Python 的第三方库，用来编写游戏或其他多媒体应用程序。

4. 利用 pygame 库中的相关函数绘制一个正方形。

**【答案】** 程序代码如下：

```
import pygame
pygame.init()
screencaption=pygame.display.set_caption("drawing a square")
screen=pygame.display.set_mode([640,480])
screen.fill([255,255,255])
pygame.draw.rect(screen,[255,0,0],[300,150,200,200],0)
pygame.display.flip()
while True:
    for event in pygame.event.get():
        if event.type==pygame.QUIT:
            sys.exit()
```

5. NumPy 库的主要功能是什么?

**【答案】** NumPy 是一个开源的 Python 科学计算库,主要用于数学、科学计算,提供了许多高级的数值编程工具。NumPy 库是由多维数组对象和用于处理数组的例程集合组成的库,包含很多实用的数学函数,涵盖线性代数运算、傅里叶变换和随机数生成等功能。

6. 利用 NumPy 相关函数将两个 3×3 的二维数组进行加、减、乘、除运算。

**【答案】** 程序代码如下:

```
import numpy as np
x =np.array([[1, 2, 3],
             [4, 5, 6],
             [7, 8, 9]])
y =np.array([[1, 1, 1],
             [2, 2, 2],
             [3, 3, 3]])
print np.add(x,y)
print np.subtract(x,y)
print np.multiply(x,y)
print np.divide(x,y)
```

7. 如何将彩色图片转换成灰度图片?

**【答案】** convert()函数将像素从 RGB 的 3 字节形式转变为单一数值形式,图像从彩色变为带有灰度的黑白色。

8. NumPy 的 ndarray 类型表示的彩色图像是几维的?

**【答案】** NumPy 的 ndarray 类型表示的彩色图像是 3 维的,前两维表示图像的长度和宽度,第三维表示每个像素点的 RGB 值。

9. Matplotlib 库的主要功能是什么?

**【答案】** Matplotlib 是一个 Python 2D 绘图库,它可以在各种平台上以各种硬拷贝格式和交互式环境生成具有出版品质的图形。Matplotlib 可用于 Python 脚本、Python 和 IPython shell、Jupyter 笔记本计算机、Web 应用程序服务器和 4 个图形用户界面工具包。

10. 利用 Matplotlib 库的相关函数绘制折线图。

**【答案】** 程序代码如下:

```
import numpy as np
import matplotlib.pyplot as plt
x=np.arange(10)
y=np.random.normal(1,5,10)
plt.figure()
plt.plot(x,y)
plt.show()
```

# 第三部分

# Python 编程练习实例

# 实例1

# 绘制正弦曲线

**1. 编程思路**

利用屏幕的像素点坐标，通过 y=sin(x)计算出点的坐标，使画笔移动到该位置即可。

**2. 程序代码**

```
from turtle import *
from math import *
setup(800,600,300,200)
pensize(10)
hideturtle()
speed(10)
color('red')
up()
goto(-300,0)
down()
for i in range(618):
    x=i
    y=sin(i/100) * 200
    goto(x-300,y)
```

# 实例 2

# 模拟评分

**1. 编程思路**

在比赛中,有 10 个评委为参赛的选手打分,分数为 1～100 分。选手最后得分为去掉一个最高分和一个最低分,其余 8 个分数的平均值。

**2. 程序代码**

```
from random import *
Max=0
Min=100
S=0
for i in range(10):
    f=randint(0,100)
    print(i+1,f)
    S=S+f
    if Max<f:
        Max=f
    if Min>f:
        Min=f
print('Max=',Max,' Min=',Min)
print('平均分:',(S-Max-Min)/8)
```

# 实例3

# 求 $S=A+AA+AAA+\cdots+AA\cdots A$ 的值

**1. 编程思路**

$a$ 是一个 1～9 范围内的数字。例如 2＋22＋222＋2222＋22222(此时共有 5 个数相加),几个数相加由键盘控制,关键是计算出每一项的值。

**2. 程序代码**

```
Tn=0
Sn=[]
n=eval(input('n='))
a=eval(input('a='))
for i in range(n):
    Tn =Tn +a
    a=a*10
    Sn.append(Tn)
    print(Tn,end='')
    if(i<n-1):
        print("+",end='')
    else:
        print("=",end='')
print(sum(Sn))       #sum是列表求和函数
```

实例 4

# 球的反弹距离和高度计算

**1. 编程思路**

用户输入球的初始高度以及允许球持续弹跳的次数,每次落地后反弹的高度是原高度的一半,输出是球每次落地的距离和反弹的高度。需要注意,每次的距离和高度不是同一个值。

**2. 程序代码**

```
n=eval(input("请输入弹跳次数: "))
h=eval(input("请输入初始高度: "))
s=h
print('n   s   h')
for i in range(n):
    print(i+1,s,h/2)
    s=s+h
    h=h/2
```

# 实例 5

# 鸡兔同笼问题

**1. 编程思路**

一个笼子里面关了鸡和兔子(鸡有 2 只脚,兔子有 4 只脚)。已知笼子里面脚的总数是 100,可利用穷举法列出笼子里面有多少只鸡和多少只兔子。

**2. 程序代码**

```
for ji in range(51):                #最多 50 只鸡
    for tu in range(26):            #最多 25 只兔子
        if ji * 2+tu * 4==100:
            print("鸡有%d 只,兔子有%d 只"%(ji,tu))
```

# 实例 6

# 在屏幕上显示杨辉三角形

**1. 编程思路**

杨辉三角形的形式如下：

```
1
1    1
1    2    1
1    3    3    1
1    4    6    4    1
1    5    10   10   5    1
```

将杨辉三角形左对齐，可以看出杨辉三角形的规律：

(1) 第 $i$ 行有 $i$ 个数；

(2) 第 1 列和主对角线上的数字都是 1；

(3) 其他位置的数字为上一行前一列和上一行同一列两个位置的数字相加。

利用循环计算出数据并以列表的形式存储，最后打印输出。

**2. 程序代码**

```
N=eval(input('N='))
y=[[1]] #初始列表
for i in range(1,N):
    s=[1]
    for j in range(1,i):
        x=y[i-1][j-1]+y[i-1][j]
        s.append(x)
    s.append(1)
    y.append(s)
for i in range(N):
    print(' '*(10+N-i)*3,end=' ')      #定位输出
    for j in range(i+1):
        print('{0:' '^5}'.format(y[i][j]),end=' ')
    print()
```

# 实例 7

# 统计选票

**1. 编程思路**

某次选举活动中有 6 个候选人,其代号分别用 1～6 表示。

假设有若干选民,每个选民只能选一个候选人,即每张选票上出现的数字只能是 1～6 范围内的某一个数字,每张选票上所投候选人的代号由键盘输入,当输入完所有选票后用数字 0 作为终止数据输入的标志。

要求统计输出每个候选人的得票数。

**2. 程序代码**

```
dicall={1:'张三红',2:'李明杨',3:'汪乐',4:'赵宏',5:'谭晓方',6:'王静'}
lst=dicall.keys()
dic={}
for n in lst:
    dic[n]=0
while True:
    n=int(input('请输入你的选票 1～6,输入 0,则退出: \n'))
    if n==0:
        break
    if 1<=n<=6:
        dic[n]=dic[n]+1
print()
for n in lst:
    print('%s \t %d  票'%(dicall[n],dic[n]))
print()
```

实例 8

# 验证四方定理

**1. 编程思路**

所有自然数至多只要用 4 个整数的平方和就可以表示，这就是数论中著名的四方定理。用 4 个变量采用试探的方法进行计算，满足要求时输出计算结果。

例如，$N=5$ 时，输出下列结果：

```
5=1*1 +2*2 +0*0 +0*0
5=2*2 +0*0 +0*0 +1*1
5=2*2 +0*0 +1*1 +0*0
5=2*2 +1*1 +0*0 +0*0
```

**2. 程序代码**

```
N=eval(input('N='))
for i in range(0,N//2+1):
    for j in range(i+1):
        for k in range(i+1):
            for l in range(i+1):
                if N==i * i+j * j+k * k+l * l:
                    print(N,'=',i,' * ',i,'+',j,' * ',j,'+',k,' * ',k,
                    '+',l,' * ',l)
```

# 实例 9

# 蒙特卡洛方法计算圆周率

**1. 编程思路**

在一个正方形的范围内产生大量的随机点，通过计算每个点到正方形顶点的距离，判断该点是否在圆内，在圆内的概率乘以 4 就是圆周率。

**2. 程序代码**

```
from random import random
from math import sqrt
N=1000000
n=0
for i in range(N):
    x,y=random(),random()                    #产生[0.0,1.0)的随机小数
    r=sqrt(x * x+y * y)
    if r<=1:
        n=n+1
pi=(n/N) * 4
print(pi)
```

# 实例 10

# 绘制随机分布的圆

**1. 编程思路**

在图形界面内,每个圆的圆心和半径随机生成,而且不能重叠,需要把每个圆的数据放入列表,新生成的圆要与已有的圆进行比对,即两个圆心的距离必须大于两个圆的半径之和,也不能超过图形边界。

**2. 程序代码**

```
from turtle import *
from math import *
from random import *
L=800
H=600
setup(L,H)                          #设置图形窗口为 800×600,位于屏幕中心
pensize(2)                          #设置画笔宽度
hideturtle()
speed(10)
color('red')
Nc=[]
N=20                                            #产生 20 个圆
def AddC(c):
    for k in Nc:
        d=sqrt((c[0]-k[0])*(c[0]-k[0])+(c[1]-k[1])*(c[1]-k[1]))
        if d<c[2]+k[2]:                         #半径重叠
            return 0
        if abs(c[0])+c[2]>L/2 or abs(c[1])+c[2]>H/2:
                                                #判断是否超过图形边界
            return 0
    return 1
for i in range (N):
    g=0
    while g==0:
        c=[]
        x=randint(-L/2,L/2)
        y=randint(-H/2,H/2)
        r=randint(2,20)                         #产生半径为 2~20 的圆
```

```
        c.append(x)
        c.append(y)
        c.append(r)
        g=AddC(c)
    Nc.append(c)
print(Nc)
for p in Nc:
    up()
    goto(p[0],p[1])
    down()
    circle(p[2])
```

# 实例 11

# 随机点名

**1. 编程思路**

单击“开始”按钮,使若干学生的学号随机在屏幕上显示。

单击“结束”按钮,显示的学号即为随机点到的学号。

**2. 程序代码**

```
import tkinter
import time
import random
import threading
name_lst=['201901010101','201901010102','201901010103','201901010104',
          '201901010105','201901010106','201901010107','201901010108',
          '201901010109','201901010112','201901010113','201901010114']
#创建应用程序窗口,设置标题和大小
root=tkinter.Tk()
root.title('点名系统')
root['width']=400
root['height']=300
i=1
def disp():
    NUM=len(name_lst)
    for i in range(50,-1,-1):
        k=random.randint(0,100)%NUM
        aL['text']=name_lst[k]
        time.sleep(0.05)
    aL['text']=name_lst[k]
#创建并启动线程
def Run():
    t=threading.Thread(target=disp)
    t.start()
#创建倒计时按钮组件
btnTime=tkinter.Button(root, text='开始', width=200,command=Run,
state='normal')
btnTime.place(x=140, y=150, width=120, height=30)
aL=tkinter.Label(root,text='',bg='blue',fg='red',font=('Arial',
30,'bold'))
aL.place(x=20, y=80, width=360, height=50)
root.mainloop()
```

# 实例12

# 删除列表中重复的数据

**1. 编程思路**

方法1：使用内置函数 set()先将列表转换为集合，因为集合是不重复的，故直接删除重复元素，且输出为排序后的结果。

方法2：使用 del()函数或者 remove()函数，需要先进行排序，然后对比两个相邻元素是否相同，相同即删除。这里只能从 lists[-1]开始进行循环，因为如果从0开始，在删除元素时列表长度会发生改变，造成列表越界。从后往前开始则不会出现此问题。

方法3：使用 numpy.unique()方法去重。科学计算库 NumPy 中有一个方法来进行去重，但返回结果为 ndarray 类型。

**2. 程序代码**

```
#方法1
from random import *
s=[]
for i in range(10):
    s.append(randint(1,10))
print(s)
s=list(set(s))
print(s)

#方法2
from random import *
s=[]
for i in range(10):
    s.append(randint(1,10))
print(s)
s.sort()
t=s[-1]
for i in range(len(s)-2,-1,-1):
    if t==s[i]:
        del s[i]
        #s.remove(s[i])  #这两个语句用任意一个都可以
    else:
        t=s[i]
print(s)
```

```
#方法 3
from random import *
import numpy as np
s=[]
for i in range(10):
    s.append(randint(1,10))
print(s)
s=np.unique(s)
print(s)
```

# 实例13 年份天数计算

**1. 编程思路**

要求输入某年某月某日的日期，判断这一天是这一年的第几天。以6月18日为例，应该先把前5个月的天数加起来，然后再加上18天即本年的第几天，特殊情况，闰年且输入月份大于2时需考虑多加一天。

**2. 程序代码**

```
y=eval(input('输入年份：'))
m=eval(input('输入月份：'))
d=eval(input('输入日期：'))
ms=(0,31,59,90,120,151,181,212,243,273,304,334)
if 0<m<=12:
    n=ms[m-1]
else:
    print('月份错误')
n+=d
leap=0
if (y%400==0)or((y %4 ==0)and(y %100!=0)):
    leap=1
if (leap==1)and(m >2):
    n+=1
print('是',y,'年的第' , n,'天')
```

# 实例 14

# 模拟时钟

**1. 编程思路**

在图形界面中以文本的形式显示当前日期和时间。

**2. 程序代码**

```
from turtle import *
import time
setup(800,600,300,200)
for i in range(10):
    color('red')
    up()
    goto(0,0)
    down()
    s=time.strftime('%Y-%m-%d %H:%M:%S',time.localtime(time.
    time()))
    write(s,font=(u"方正舒体",48,"normal"),align="center")
#暂停一秒
    time.sleep(1)
    reset()
write('结束!',font=(u"方正舒体",48,"normal"),align="center")
```

# 实例15

# 二分查找法

**1. 编程思路**

二分查找法又称折半查找法。

要在排序列表 a 中查找 t，首先，将列表 a 中间位置的项与查找关键字 t 比较。如果两者相同，则查找成功。否则，利用中间项将列表分成前、后两个子表，如果中间位置项目大于 t，则进一步找前一个子表，否则进一步查找后一个子表。重复以上过程，直到找到满足条件的记录，即查找成功；或直到子表不存在为止，即查找不成功。

**2. 程序代码**

```
def binarySearch(k,a):
    low=0
    high=len(a)-1
    while low<=high:
        mid=(low+high)//2
        if a[mid]<k:
            low=mid+1
        elif a[mid]>k:
            high=mid-1
        else:
            return mid
    return -1
def main():
    a=[1,13,26,33,45,55,68,72,83,99]
    print('关键字位于列表的位置(索引): ',binarySearch(26,a))
    print('关键字位于列表的位置(索引): ',binarySearch(78,a))
main()
```

# 实例 16

# 模拟红绿灯

**1. 编程思路**

在图形界面下，绘制简易十字路口，在每个方向分别设置两组信号灯，每组信号灯有红、黄、绿 3 种状态，按照红灯亮 3s、黄灯亮 1s、绿灯亮 3s 的规律变化，循环 5 次(也可以无限)。

**2. 程序代码**

```
from turtle import *
import time
def Lt(p):           #画同一方向的两组信号灯
    up()
    goto(p[0],p[1])
    down()
    dot(p[2],p[3])
    if p[0]==0:
        up()
        goto(p[0],-p[1])
        down()
        dot(p[2],p[3])
    else:
        up()
        goto(-p[0],p[1])
        down()
        dot(p[2],p[3])
L=800
H=600
W=100                #路宽
setup(L,H)           #设置图形窗口为 800×600,位于屏幕中心
pensize(2)           #设置画笔宽度
hideturtle()
speed(10)
#开始绘制道路,初始化信号灯
up()
goto(-L/2,W/2)
down()
goto(-W/2,W/2)
goto(-W/2,H/2)
```

```
up()
goto(W/2,H/2)
down()
goto(W/2,W/2)
goto(L/2,W/2)
up()
goto(-L/2,-W/2)
down()
goto(-W/2,-W/2)
goto(-W/2,-H/2)
up()
goto(W/2,-H/2)
down()
goto(W/2,-W/2)
goto(L/2,-W/2)
#设置 4 组信号灯
p=[100,0,40,'black']
Lt(p)
p=[0,100,40,'black']
Lt(p)

#循环 5 次
for i in range(5):
    #暂停 5s
    time.sleep(3)
    p=[100,0,40,'yellow']
    Lt(p)
    p=[0,100,40,'yellow']
    Lt(p)
    time.sleep(1)
    p=[100,0,40,'green']
    Lt(p)
    p=[0,100,40,'red']
    Lt(p)
    time.sleep(3)
    p=[100,0,40,'yellow']
    Lt(p)
    p=[0,100,40,'yellow']
    Lt(p)
    time.sleep(1)
    p=[100,0,40,'red']
    Lt(p)
    p=[0,100,40,'green']
    Lt(p)
up()
goto(-200, 120)
down()
write("运行结束",font=(u"黑体",36,"normal"),align="center")
```

# 实例 17

# 随机发牌

**1. 编程思路**

一副扑克牌，去掉大小王，随机平均分成 4 份，每份按花色、大小排序。

**2. 程序代码**

```
#排序
def Px(D):
    n=len(D)
    for i in range(n-1):
        for j in range(0,n-i-1):
            if D[j]<D[j+1]:
                m=D[j]
                D[j]=D[j+1]
                D[j+1]=m
    return D
def Hs(D):
    H=['草花','方块','红心','黑桃']
    Hcn=[0,0,0,0]
    s=['A','2','3','4','5','6','7','8','9','10','J','Q','K']
    for c in D:
        Hn=(c-1)//13                #==0,1,2,3
        Hcn[Hn]+=1                  #统计每种花色的张数
    m=0
    for i in range(4):              #0～3,4 种花色
        print()
        print(H[3-i],end=': ')
        mn=0
        if Hcn[3-i]>0:
            for j in range(Hcn[3-i]):
                n=D[j+m]%13
                mn+=1
                print(s[n],end=' ')
            m=m+j+1
        else:
            print('-',end=' ')      #缺花色
```

```
    print()
#以下是主程序
from random import *
card=[]
Data=[]
for i in range(52):
    card.append(i+1)
for i in range(52):
    n=randint(0,51-i)
    Data.append(card[n])
    card.pop(n)
D1=[]
D2=[]
D3=[]
D4=[]
for i in range(13):        #分离数据
    D1.append(Data[i])
    D2.append(Data[13+i])
    D3.append(Data[26+i])
    D4.append(Data[39+i])
#分别排序
D1=Px(D1)
D2=Px(D2)
D3=Px(D3)
D4=Px(D4)
#分花色排列
print()
print('第一个玩家：',end=' ')
Hs(D1)
print()
print('第二个玩家：',end=' ')
Hs(D2)
print()
print('第三个玩家：',end=' ')
Hs(D3)
print()
```

实例 18

# 简单的购物分析

**1. 编程思路**

统计体育商品的以下销售情况：

(1) 每个人的购物总额；

(2) 售出的体育商品；

(3) 所有人都购买的体育商品；

(4) 无人购买的体育商品。

**2. 程序代码**

```
#t是要进行字符统计的字符串
#goods是一个商品信息字典
goods={'01':['乒乓球拍',220],'02':['乒乓球',5],'03':['乒乓球网',200],\
        '04':['羽毛球拍',428],'05':['羽毛球',7],'06':['羽毛球网',560],\
        '07':['乒乓球案台',2000],'08':['跳绳',35],'09':['跳棋',15],\
        '10':['篮球',320],'11':['排球',180],'12':['排球网',980],\
        '13':['足球',270]}

#定义客户的购买清单
user1=[['01',10],['02',100],['01',10],['03',3],['08',10]]
user2=[['01',6],['02',60],['04',10],['05',100],['10',2],['11',2],
        ['13',1]]
user3=[['01',4],['02',50],['03',1]]
user4=[['01',8],['02',80],['04',2],['10',1],['11',1],['13',2]]
user5=[['01',2],['02',40]]

#初始化客户购买商品的集合为空集
set1=set()
set2=set()
set3=set()
set4=set()
set5=set()

sum=0
```

```
for g in user1:
    t=goods.get(g[0])
    sum=sum+t[1] * g[1]
    set1.add(g[0])
print('第 1 个客户的购物总额是：{0}'.format(sum))

sum=0
for g in user2:
    t=goods.get(g[0])
    sum=sum+t[1] * g[1]
    set2.add(g[0])
print('第 2 个客户的购物总额是：{0}'.format(sum))

sum=0
for g in user3:
    t=goods.get(g[0])
    sum=sum+t[1] * g[1]
    set3.add(g[0])
print('第 3 个客户的购物总额是：{0}'.format(sum))

sum=0
for g in user4:
    t=goods.get(g[0])
    sum=sum+t[1] * g[1]
    set4.add(g[0])
print('第 4 个客户的购物总额是：{0}'.format(sum))

sum=0
for g in user5:
    t=goods.get(g[0])
    sum=sum+t[1] * g[1]
    set5.add(g[0])
print('第 5 个客户的购物总额是：{0}'.format(sum))

#计算 5 个客户所购商品的并集
set6=(((set1.union(set2)).union(set3)).union(set4)).union(set5)

#计算 5 个客户所购商品的交集
set7=(((set1.intersection (set2)).intersection (set3)).intersection (set4)).
intersection(set5)

#从字典中获得所有商品的集合
setall=set(goods.keys())

#计算两个集合的差集
set8=setall.difference(set6)

#输出相应的统计信息
#print("售出的商品有：{0}".format(set6))
print("售出的商品有：",end='')
```

```
for i in set6:
    print(goods[i][0],end=' ')
print()

#print("所有人都购买的商品有：{0}".format(set7))
print("所有人都购买的商品有：",end='')
for i in set7:
    print(goods[i][0],end=' ')
print()

#print("无人购买的商品有：{0}".format(set8))
print("无人购买的商品有：",end='')
for i in set8:
    print(goods[i][0],end=' ')
print()
```

# 实例19 对文本进行分析并生成词云图

**1. 编程思路**

引入第三方库：jieba、Matplotlib、wordcloud。

需要完成以下准备工作：

(1) 将词语内容保存到文本文件中(后缀为.txt)；

(2) 一个背景图片，如图 3-19-1 所示；

**图 3-19-1 背景图片**

(3) 中文字体文件，如图 3-19-2 所示。

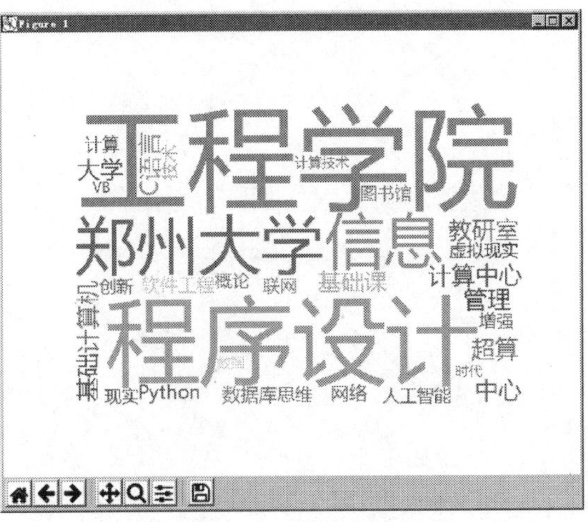


**图 3-19-2 中文字体文件**

**2. 程序代码**

```
import jieba
import matplotlib.pyplot as plt
from wordcloud import WordCloud,STOPWORDS,ImageColorGenerator
text=""
fin=open(r"test.txt","r")                #从文本文件中读取数据
for line in fin.readlines():
    line=line.strip("\n")
text+=" ".join(jieba.cut(line))
print(text)
backgroud_Image=plt.imread(r"bg.jpg")    #设置词云背景
wc=WordCloud(
    background_color="white",            #设置背景颜色
    mask=backgroud_Image,                #设置背景图片
    font_path=r"C:\Windows\fonts\msyh.ttf",#设置中文字体
    max_words=100,                       #设置最多可显示的字数
    stopwords=STOPWORDS,                 #设置停用词
    max_font_size=400,                   #设置字体最大值
    random_state=15                      #设置配色数
)
wc.generate_from_text(text)              #生成词云
wc.recolor(color_func=ImageColorGenerator(backgroud_Image))
plt.imshow(wc)                           #给出词云图
plt.axis("off")                          #是否显示 X 轴及其下标
plt.show()                               #显示词云图
```

# 实例20 播放 MP3 格式的音乐

**1. 编程思路**

方法 1：调用系统默认播放器播放。

方法 2：通过 pygame 播放，需要安装 pygame：pip install pygame。

**2. 程序代码**

```
#方法 1
import os
os.system("aaa.mp3")

#方法 2
import time
import pygame.mixer
pygame.mixer.init()
#加载音乐
track=pygame.mixer.music.load("d:\\aaa.mp3")
#播放音乐
pygame.mixer.music.play()
#若只有播放音乐的时间,没有睡眠时间,程序一下就会执行完,音乐播放不出来
time.sleep(130)
#关闭音乐
pygame.mixer.music.stop()
```

# 图书资源支持

感谢您一直以来对清华版图书的支持和爱护。为了配合本书的使用，本书提供配套的资源，有需求的读者请扫描下方的“书圈”微信公众号二维码，在图书专区下载，也可以拨打电话或发送电子邮件咨询。

如果您在使用本书的过程中遇到了什么问题，或者有相关图书出版计划，也请您发邮件告诉我们，以便我们更好地为您服务。


**我们的联系方式：**

地　　址：北京市海淀区双清路学研大厦 A 座 701

邮　　编：100084

电　　话：010-83470236　010-83470237

资源下载：http://www.tup.com.cn

客服邮箱：2301891038@qq.com

QQ：2301891038（请写明您的单位和姓名）


资源下载、样书申请

书圈

扫一扫，获取最新目录

课 程 直 播

**用微信扫一扫右边的二维码，即可关注清华大学出版社公众号“书圈”。**